"十四五"高等职业教育计算机类新形态一体化教材

路由交换设备项目化管理与配置

李坤颖　张平安　主编

中国铁道出版社有限公司
CHINA RAILWAY PUBLISHING HOUSE CO., LTD.

内容简介

本书系"十四五"高等职业教育计算机类新形态一体化教材之一，内容按照企事业单位一般组网过程，依托华为路由交换设备等网络设备，结合华为 HCIA 考证内容要求，按照从局域网到广域网的顺序组织编写。本书内容包括：局域网组网技术，涉及交换机初始配置、接口安全、VLAN 技术、生成树协议 STP、以太网链路聚合、三层交换技术；广域网组网技术，涉及网络层基础知识、路由器初始配置、静态路由协议、OSPF 动态路由协议、广域网 PPP 协议、FTP、DHCP 以及企业网络中常用的安全技术 AAA、ACL 和 NAT；基于 Python 的网络自动化运维技术。

本书适合作为高职院校计算机应用专业和网络技术专业的教材，也可作为从事计算机网络管理人员或考取华为数通、路由交换领域认证的网络技术人员的学习用书或培训教材。

图书在版编目（CIP）数据

路由交换设备项目化管理与配置 / 李坤颖，张平安主编. -- 北京 : 中国铁道出版社有限公司, 2024.9.
（"十四五"高等职业教育计算机类新形态一体化教材）.
ISBN 978-7-113-31418-7

I. TN915.05

中国国家版本馆CIP数据核字第20243E8J12号

书　　名：路由交换设备项目化管理与配置
作　　者：李坤颖　张平安

策　　划：翟玉峰　　　　　　　　编辑部电话：（010）51873135
责任编辑：翟玉峰　贾淑媛
封面设计：尚明龙
封面制作：刘　颖
责任校对：苗　丹
责任印制：樊启鹏

出版发行：中国铁道出版社有限公司（100054，北京市西城区右安门西街 8 号）
网　　址：https://www.tdpress.com/51eds/
印　　刷：天津嘉恒印务有限公司
版　　次：2024 年 9 月第 1 版　2024 年 9 月第 1 次印刷
开　　本：787 mm×1 092 mm　1/16　印张：13.75　字数：322 千
书　　号：ISBN 978-7-113-31418-7
定　　价：42.00 元

版权所有　侵权必究

凡购买铁道版图书，如有印制质量问题，请与本社教材图书营销部联系调换。电话：（010）63550836
打击盗版举报电话：（010）63549461

前　言

党的二十大报告要求"坚持创新在我国现代化建设全局中的核心地位"。通信行业从蹒跚起步到跟随，再到自主创新，经历了几代通信人的努力拼搏，通信设备从低端到高端的演进凝聚了通信人的智慧。华为是通信行业的领头羊，是我们民族的骄傲，它一直在自主创新、艰苦奋斗的路上拼搏着。当代中国青年生逢其时，学习华为的路由交换设备，感受祖国科技力量的勃勃生机，投身到祖国的科技发展事业中，为祖国科技事业的发展贡献自己的力量，是时代赋予的使命。

"网络设备安装与调试"是国家职业教育网络技术专业教学资源库的课程建设项目之一，本书是该课程的配套教材。本着培养计算机网络实用型人才的指导思想，把握理论够用、侧重实践的原则，本书在介绍必要理论知识的基础上，重点介绍网络设备配置的具体应用与操作，注重对学生实际应用技能和动手能力的培养。

本书按照企事业单位一般组网过程，依托华为路由交换设备等网络设备，结合华为 HCIA 考证内容，按照局域网到广域网的顺序组织编写。本书内容包括：局域网组网技术，涉及交换机初始配置、接口安全、VLAN 技术、生成树协议 STP、以太网链路聚合、三层交换技术；广域网组网技术，涉及网络层基础知识、路由器初始配置、静态路由协议、OSPF 动态路由协议、广域网 PPP 协议、FTP、DHCP 以及企业网络中常用的安全技术 AAA、ACL 和 NAT；基于 Python 的网络自动化运维技术。

本书具有三方面特色。一是以路由交换设备管理课程为依托，融入课程思政。本书以讲授专业知识和培养专业技能为基础，在每个项目的"拓展学习"栏目，将行业技术发展趋势和思想政治教育的具体内容融入其中，培养学生的爱国情怀，爱岗敬业的职业素养，吃苦耐劳、精益求精的工匠精神。二是以考取华为 HCNA 证书为目标，重构教材内容。教材编写与华为数通行业 HCNA 考证相结合，展现行业新水平、新技术，为传统网络技术注入新内容。三是以校企双元为基础，结合"智慧职教"云平台，开发线上线下一体化教材。依托企业真实项目，对标国家职业标准、教学标准、岗位需求，以学生为中心，基于工作过程情景化的项目，培养学生发现问题、解决问题的能力。

为了方便专业教学，本书配备了内容丰富的习题、教学视频等教辅资源。另外，每个项目都提供拓扑图和配置，并做成测试试卷供学生、老师使用，试卷完成后可在eNSP仿真软件上自动批改。有需要的读者可以发送电子邮件获取。

本书由深圳信息职业技术学院李坤颖、张平安主编。在本书的编写过程中，王辉静、孔令晶、刘君尧和刘婷婷老师提出了宝贵建议，来自华为的专家林云凌和来自中兴的专家许锐提供了有价值的素材，在此一并表示衷心的感谢！

由于计算机网络技术发展迅速，加之编者水平有限，书中难免有疏漏与不足之处，恳请广大读者和专家提出宝贵意见。编者电子邮箱：liky@sziit.edu.cn。

编 者

2024 年 2 月

目 录

项目1 微小型局域网搭建 1
项目描述 1
知识链接 2
 一、eNSP简介 2
 二、eNSP常用功能 2
 三、网络设备组成 4
项目设计 5
项目实施与验证 6
 一、配置计算机 6
 二、配置HTTP服务 7
 三、配置DNS服务 9
 四、结果验证 10
拓展学习 11
习题 11

项目2 中小型局域网搭建 12
项目描述 12
知识链接 13
 一、交换机概述 13
 二、交换机的主要参数 14
 三、交换机配置方式 15
 四、VRP系统之命令行 16
交换机初始配置命令 18
项目设计 19
项目实施与验证 19
 一、Console方式配置交换机初始配置 20
 二、Telnet方式远程管理交换机 22

拓展学习 24
习题 25

项目3 安全小型局域网组建 26
项目描述 26
知识链接 27
 一、MAC地址基础知识 27
 二、交换机转发技术 28
 三、接口安全基础知识 29
交换机接口安全配置常用命令 30
项目设计 31
项目实施与验证 31
 一、搭建项目环境 31
 二、配置接口安全功能 33
 三、结果验证 33
拓展学习 34
习题 35

项目4 基于校园网的虚拟局域网组建 36
项目描述 36
知识链接 37
 一、VLAN 简介 37
 二、VLAN 划分 38
 三、VLAN 中继 39
 四、交换机接口 41
 五、GVRP 技术 42
交换机 VLAN 配置常用命令 43
项目设计 44

项目实施与验证 45
 一、搭建项目环境 45
 二、配置 GVRP 创建 VLAN 46
 三、基于接口划分 VLAN 48
 四、结果验证 48
拓展学习 49
习题 50

项目5　基于校园网的虚拟局域网 VLAN 间通信 51

项目描述 51
知识链接 52
 一、三层交换机基础知识 52
 二、VLAN 间通信基础知识 53
VLAN 间通信常用配置命令 54
项目设计 54
项目实施与验证 55
 一、搭建项目环境 55
 二、配置 GVRP 创建 VLAN 57
 三、基于接口划分 VLAN 59
 四、配置 VLANIF 接口 60
 五、结果验证 60
拓展学习 62
习题 62

项目6　生成树协议 STP 部署 63

项目描述 63
知识链接 64
 一、二层交换机网络的冗余
  性与环路问题 64
 二、STP 基本概念 65
 三、STP 工作原理 67
STP基础配置命令 69
项目设计 69
项目实施与验证 69

 一、使能 STP 70
 二、STP 运行结果分析 70
 三、修改根桥 72
 四、结果验证 72
拓展学习 73
习题 73

项目7　以太网链路聚合部署 74

项目描述 74
知识链接 75
 一、链路聚合技术 75
 二、链路聚合基本概念 75
 三、链路聚合模式 76
 四、链路聚合负载分担 78
链路聚合配置常用命令 78
项目设计 79
项目实施与验证 79
 一、搭建项目环境 80
 二、LACP 模式配置链路聚合 80
 三、配置 GVRP 创建 VLAN 81
 四、基于接口划分 VLAN 84
 五、配置 VLANIF 接口 84
 六、结果验证 85
拓展学习 86
习题 86

项目8　路由器初始配置 87

项目描述 87
知识链接 88
 一、路由器概述 88
 二、Quidway AR2200 系列
  路由器 88
 三、路由器接口 89
 四、路由器配置方式 90
路由器初始配置常用命令 90

项目设计 91
项目实施与验证 91
　一、添加路由器模块 92
　二、配置路由器互联 93
　三、Console 方式配置路由器
　　　初始配置 93
　四、结果验证 94
拓展学习 95
习题 95

项目9　网络环境管理 96

项目描述 96
知识链接 97
　一、网络工程项目文档化工作 97
　二、网络排错技巧 97
　三、VRP文件系统 98
网络环境管理常用命令 98
项目设计 99
项目实施与验证 100
　一、搭建项目环境 100
　二、配置路由器为FTP服务器 101
　三、配置路由器为FTP客户端 103
拓展学习 105
习题 106

项目10　路由器实现VLAN间通信 107

项目描述 107
知识链接 108
　一、路由器物理接口实现
　　　VLAN 间通信 108
　二、路由器子接口实现VLAN
　　　间通信 108
路由器实现 VLAN 间通信常用命令 109
项目设计 110

项目实施与验证 110
　一、搭建项目环境 111
　二、配置 GVRP 创建 VLAN 112
　三、基于接口划分 VLAN 114
　四、配置路由器子接口 115
　五、结果验证 115
拓展学习 116
习题 117

项目11　网络互联静态路由部署 118

项目描述 118
知识链接 119
　一、路由概述 119
　二、静态路由 121
静态路由配置常用命令 122
项目设计 122
项目实施与验证 122
　一、搭建项目环境 123
　二、配置静态路由和浮动路由 125
　三、结果验证 126
拓展学习 128
习题 128

项目12　网络互联 OSPF 路由协议部署 129

项目描述 129
知识链接 130
　一、动态路由协议 130
　二、OSPF基础知识 130
OSPF配置常用命令 132
项目设计 133
项目实施与验证 133
　一、搭建项目环境 134
　二、配置 OSPF 协议 136

三、结果验证 137
拓展学习 139
习题 140

项目13　广域网 PPP 协议部署 141

项目描述 141
知识链接 142
 一、广域网简介 142
 二、PPP 协议原理 143
PPP 配置常用命令 144
项目设计 145
项目实施与验证 146
 一、搭建项目环境 146
 二、配置 OSPF 协议 148
 三、配置 PAP 认证 151
 四、配置 CHAP 认证 ... 152
拓展学习 153
习题 153

项目14　访问控制列表ACL部署 154

项目描述 154
知识链接 155
 一、ACL 访问控制列表概述 155
 二、ACL 访问控制列表的组成 ... 155
 三、ACL访问控制列表的分类 ... 156
 四、ACL 访问控制列表的匹配机制 156
 五、ACL访问控制列表的部署 ... 157
ACL 访问控制列表配置常用命令 157
项目设计 159
项目实施与验证 160
 一、搭建项目环境 160

 二、搭建 A 公司局域网 162
 三、配置路由器接口 163
 四、配置OSPF协议 164
 五、配置 ACL 165
 六、结果验证 166
拓展学习 166
习题 167

项目15　静态与动态网络地址转换 NAT 部署 168

项目描述 168
知识链接 169
 一、NAT技术原理 169
 二、静态NAT原理 169
 三、动态NAT原理 170
NAT 配置常用命令 170
项目设计 171
项目实施与验证 171
 一、搭建项目环境 172
 二、配置静态 NAT 174
 三、配置动态 NAT 174
 四、修改静态路由 174
 五、结果验证 175
拓展学习 176
习题 176

项目16　网络地址端口转换NAPT部署 177

项目描述 177
知识链接 178
NAT 配置常用命令 178
项目设计 178
项目实施与验证 179
 一、搭建项目环境 179

二、配置网络地址端口转换 182

三、修改静态路由 182

四、结果验证 182

拓展学习 183

习题 184

项目17　动态主机地址管理协议 DHCP 部署 185

项目描述 185

知识链接 186

一、DHCP 概述 186

二、DHCP配置方式 187

DHCP 配置常用命令 187

项目设计 188

项目实施与验证 189

一、创建并划分 VLAN 189

二、配置 VLANIF 接口和路由器接口 191

三、配置 DHCP 192

四、配置静态路由 194

五、结果验证 194

拓展学习 194

习题 195

项目18　基于 Python 网络自动化运维 196

项目描述 196

知识链接 197

一、基于 Python 的网络自动化运维概述 197

二、Python 简介 197

三、Paramiko 模块使用 199

项目设计 200

项目实施与验证 201

一、搭建项目环境 201

二、配置本地计算机与 eNSP 互连 202

三、配置路由器 SSH 202

四、编写运行 Python 文件 204

五、结果验证 206

拓展学习 206

习题 207

参考文献 208

项目 1

微小型局域网搭建

【知识目标】

（1）熟悉 eNSP 基本使用。

（2）掌握局域网基本的组网技术。

（3）理解 Web 服务器、DNS 服务器工作原理。

【技能目标】

具备根据实际需求搭建微小型局域网的能力。

【素养目标】

通过微小企业搭建局域网项目的设计、规划、实施培养严谨规范的职业素养。

项目描述

深圳市兴隆贸易有限公司是一家专门从事外贸业务的微型小企业，公司包括管理和业务人员六个员工，工作中需要使用局域网处理外贸单据业务，公司相关信息通过公司的 Web 网站发布，公司所有员工都可以通过域名访问该网站。

使用一台交换机、一台 DNS 服务器、一台 HTTP 服务器、一台 HTTP 客户端、若干计算机终端搭建兴隆贸易公司的微小局域网。公司局域网拓扑图如图 1-1

视　频

微小型局域网搭建

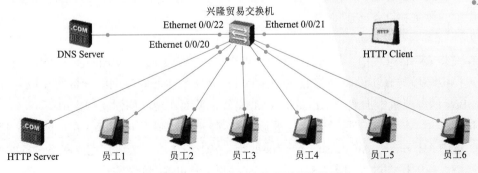

图 1-1　兴隆贸易公司办公局域网拓扑图

所示，图中六台终端 PC（员工1～员工6）分别接入交换机接口 Ethernet 0/0/1 ～ Ethernet 0/0/6，DNS 服务器接到交换机接口 Ethernet 0/0/22，HTTP 客户端接到交换机接口 Ethernet 0/0/21，HTTP 服务器接到交换机接口 Ethernet 0/0/20。

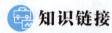

知识链接

一、eNSP 简介

eNSP（enterprise network simulation platform）是一款由华为官方提供的免费的、可扩展的、图形化操作的网络仿真工具平台，主要对企业网络路由器、交换机等设备进行软件仿真。模拟真实设备实景，支持大型网络模拟，让广大用户在没有真实设备的情况下能够学习网络技术。eNSP 融合了 MCS、Client、Server、无线终端，可以完美支持组播测试、HTTP 测试、应用服务测试、无线测试等环境搭建。同时，也可以利用 eNSP 模拟 HCIA、HCIP、HCIE 华为认证相关实验。无论是操作数通产品、维护网络的技术工程师，还是教授网络技术的培训讲师，或者是想要考取华为认证、获得能力认可的在校学生，都可以从 eNSP 中受益。

二、eNSP 常用功能

1. eNSP 安装

eNSP 安装非常简单，eNSP 安装文件 eNSP V100R003C00SPC100 Setup.exe 下载完成后，双击应用程序，运行安装文件。连续单击"下一步"按钮，直到完成软件的安装，并在计算机桌面生成启动程序的快捷图标，方便用户快速启动软件。在 eNSP 安装过程中，建议将 eNSP 安装到非系统盘的其他存储盘，以免由于后期系统故障、系统恢复导致 eNSP 存储数据丢失。

2. eNSP 界面

打开 eNSP 后，关闭 eNSP 自动弹出的引导界面，即进入 eNSP 的主界面，按照主界面不同功能划分区域，如图1-2所示。下面对各区域进行简要介绍：① 主菜单栏分别为文件、编辑、视图、工具、考试、帮助等，每项下对应相应的子菜单。② 工具栏提供常用的工具，如新建拓扑、打开拓扑、保存拓扑、拓扑另存为、打印、撤销、前进、恢复鼠标、拖动、删除、删除所有连线、文本、调色板等工具，以及论坛、官网等超链接。③ 整个界面的中心空白区域为工作区域，用于新建和显示拓扑图。④ 工作区域的左侧为网络设备区，提供设备和网络设备连接线缆，供选择到工作区。⑤ 工作区域的右侧为设备接口区，显示拓扑图中的设备和设备已连接的接口。

3. eNSP 注册网络设备

在安装 eNSP 过程中，同时也安装了 WinPcap、Wireshark、VirtualBox 工具。eNSP 为了实现模拟环境与真实设备的相似性，在 VirtualBox 中注册安装网络设备的虚拟主机，在 VirtualBox 的虚拟机中加载网络设备的 VRP 文件，从而实现网络设备的模拟。

选择"菜单"→"工具"→"注册设备"，弹出"注册"对话框，在"注册"对话框右侧，选中 AR_Base、AC_Base、AP_Base 等，单击"注册"按钮，完成网络设备的注册。注册网络设备的操作过程如图1-3所示。完成注册后，eNSP 安装完毕。

项目 1　微小型局域网搭建

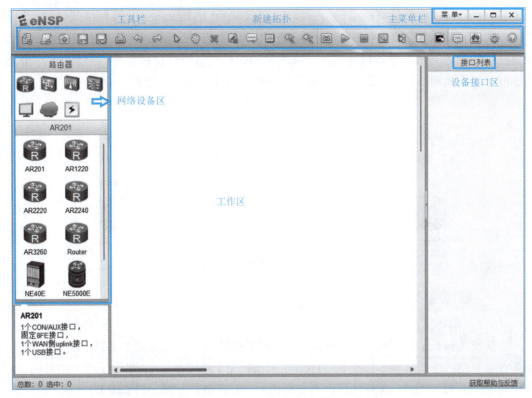

图 1-2　eNSP 界面布局

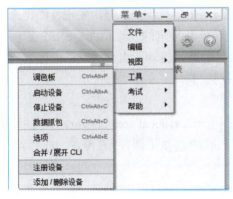

（a）设备注册对话框　　　　　　　　　　（b）注册结果

图 1-3　注册网络设备的操作过程

4. eNSP 搭建简单拓扑

使用 eNSP 工具搭建一个包括一台 S5700 交换机和两台 PC 的网络，以此熟悉 eNSP 的基本操作。

启动 eNSP，选中网络设备区中的 S5700 交换机，拖入工作区域，创建 1 台 S5700 交换机，并自动命名为 LSW1，单击设备命名即可对设备进行命名操作，交换机命名为 S5700。选择终端设备中的 PC，拖入工作区域，创建两台名为 Client1 和 Client2 的 PC。

完成设备拖动后，使用连接线缆连接 PC 与交换机。单击网络设备区中的 Copper 线缆，后将鼠标指针移动到工作区域，鼠标指针变成线缆插头形状。单击刚创建的 S5700 图标，

3

选中 GE 0/0/1 接口，然后将线缆的另一端连接到 Client1 的 Ethernet 0/0/1 网络接口上。用同样的方式，完成从 S5700 上 GE 0/0/2 接口到 Client2 的连接。最后选中 PC 和交换机，单击工具栏中的绿色三角形设备启动按钮，线缆两端的红色链路灯变成绿色，并且一闪一闪地表示链路处于活动状态。至此，这个简单的拓扑就搭建完成了，如图 1-4 所示。

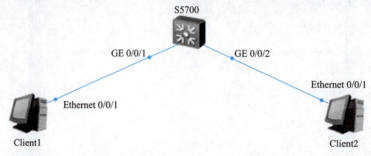

图 1-4　使用 eNSP 搭建简单拓扑

三、网络设备组成

1. 交换机

交换机（switch）一般来说是距离终端用户最近的设备，其功能是实现终端设备（PC、服务器等）的网络接入和二层交换（layer 2 switching）功能。eNSP 提供了两种型号的三层交换机 S3700 和 S5700，两种数据中心交换机 CE6800 和 CE12800，如图 1-5（a）所示。

2. 路由器

路由器（router）是网络层设备，可以实现路由表与路由信息维护、路由发现及路径选择、数据转发、隔离广播域、广域网接入和网络地址转换及特定的安全功能。eNSP 提供 10 种型号路由器，常用的如图 1-5（b）所示。所有型号的路由器均为出厂的默认配置，只有局域网接口。实际应用时，可以根据需要添加广域网接口。

3. 无线设备

无线设备（wireless device）是工作在无线局域网（wireless local area network）中的设备，常见的有胖 AP、瘦 AP 和无线控制器 AC 等设备。eNSP 提供了两种 AC 设备，11 种 AP 设备，常用的如图 1-5（c）所示。

4. 防火墙

防火墙（firewall）是位于两个信任程度不同的网络之间的设备，如企业内部网络和 Internet 之间。防火墙对两个网络之间的通信进行控制，通过强制实施统一的安全策略，防止对重要信息资源的非法存取和访问，以达到保护系统安全的目的。eNSP 提供了两种防火墙设备，具体如图 1-5（d）所示。

5. 终端设备

终端设备（end devices）是数据通信系统的端设备，作为数据的发送者或接收者，提供用户接入操作所需的功能。eNSP 提供了六种终端设备，台式计算机、笔记本计算机、服务器、组播器、客户端、手机，具体如图 1-5（e）所示。

6. 设备连线

设备连线（connections）是连接网络设备的物理传输介质。eNSP 提供了自适应线缆、

Console 线缆、串口线等7种连接线缆,如图1-5(f)所示。注意,实际应用中是没有自适应线缆的,这里是为了提高读者学习效率而提供的一种虚拟线缆,这种线缆可连接任何设备。本书不推荐使用这种线缆,因为实际计算机网络管理中,线缆的使用也是网络工程师非常重要的职业能力。因此,在后续的学习中,读者连接设备时,要自觉选用合适的线缆连接,否则会导致网络通信故障。

图 1-5　网络设备界面

项目设计

兴隆贸易公司的局域网构建项目由四部分组成:第一部分是实验环境搭建,配置员工计算机的 IP 地址;第二部分是使用 HTTP 服务器、DNS 服务器和 HTTP Client 客户端搭建 HTTP 服务;第三部分是配置 DNS 服务,员工可以通过域名访问公司网站;第四部分是项目实施结果验证,员工 PC 之间能够通信,且能通过域名访问公司网站。

交换机、员工计算机和服务器的名称、IP 地址见表1-1。交换机名称是兴隆贸易交换机。计算机的名称为员工1~员工6。服务器名为 HTTP Server、DNS Server,客户端名为 HTTP Client。公司局域网使用192.168.1.0/24网段。公司 Web 网站的域名为 www.xinglong.com。

表 1-1 网络设备详细设计参数

设 备 名	IP 地址	设 备 名	IP 地址
员工 1	192.168.1.1/24	员工 6	192.168.1.6/24
员工 2	192.168.1.2/24	HTTP Server	192.168.1.254/24
员工 3	192.168.1.3/24	HTTP Client	192.168.1.252/24
员工 4	192.168.1.4/24	DNS Server	192.168.1.253/24
员工 5	192.168.1.5/24		

项目实施与验证

微小型局域网搭建的配置思路流程图如图 1-6 所示。

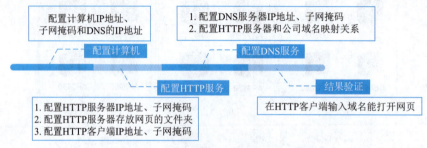

图 1-6 微小型局域网搭建配置思路流程图

一、配置计算机

选择员工 1 计算机，双击进入基础配置界面，出现图 1-7 所示的对话框。根据表 1-1 中 IP 地址规划，设置 IP 地址、子网掩码和 DNS 服务器 IP 地址，配置完成单击"应用"按钮，使配置生效。按照同样的方法，配置其余员工计算机的 IP 地址、子网掩码和 DNS 的 IP 地址。

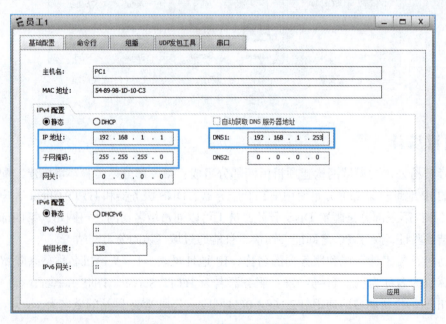

图 1-7 PC 计算机 IP 地址配置

选择"命令行"并调用ipconfig命令，查看PC端IP地址配置是否生效。图1-8正确显示了员工1计算机配置的IP地址、子网掩码和DNS服务器IP地址，表明员工1计算机配置生效。

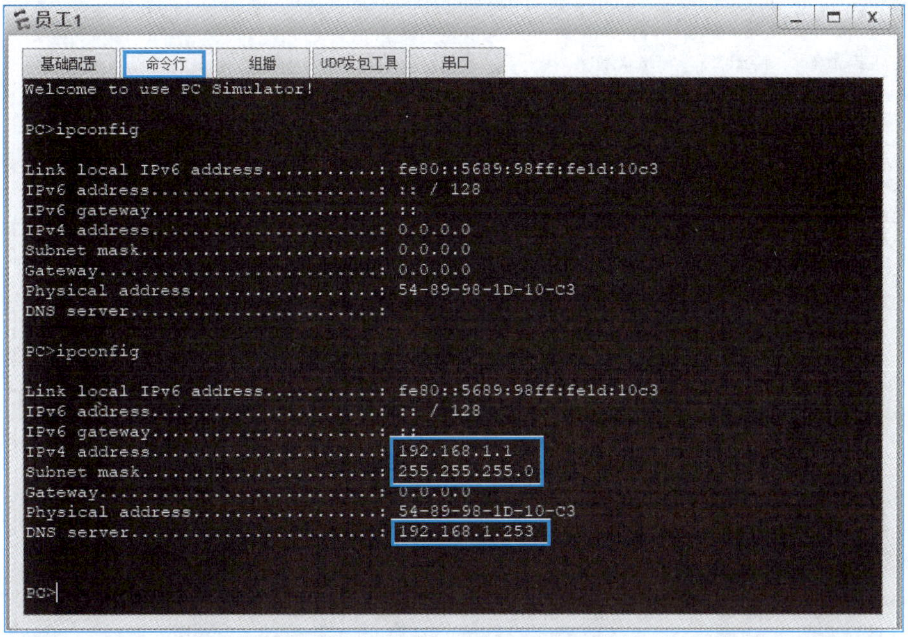

图 1-8　PC 端 IP 地址确认

二、配置 HTTP 服务

选择 HTTP Server，双击进入基础配置界面，出现图 1-9 所示的对话框。根据 IP 地址规划，设置 HTTP Server 的 IP 地址、子网掩码、DNS 域名服务器 IP 地址。

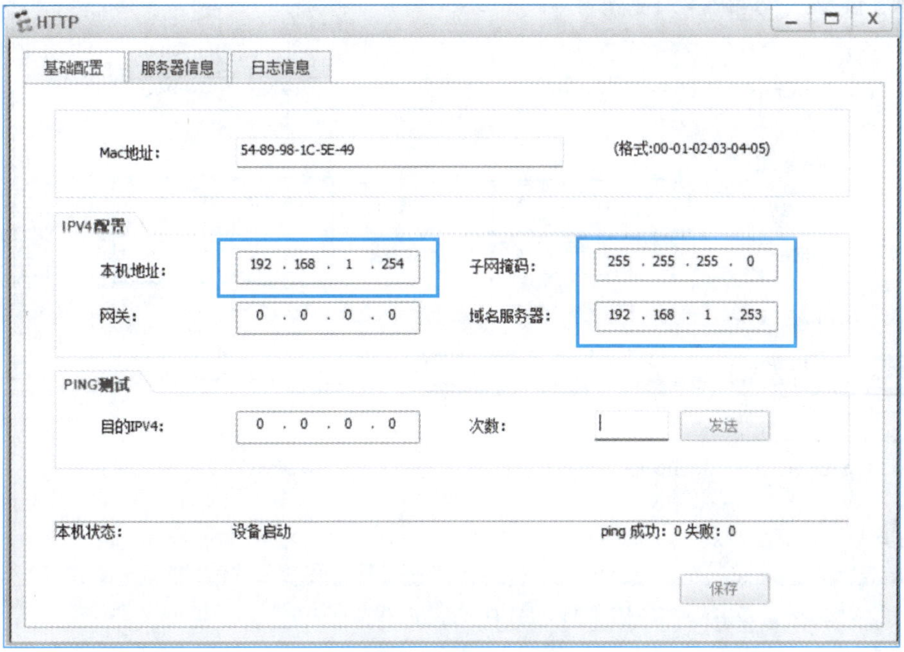

图 1-9　HTTP Server IP 地址配置

在 HTTP Server 配置界面，选择"服务器信息"，选择 HttpServer，在物理主机上创建一个文件夹存放 html 文件，单击"确定"和"启动"按钮，具体选择如图1-10所示。

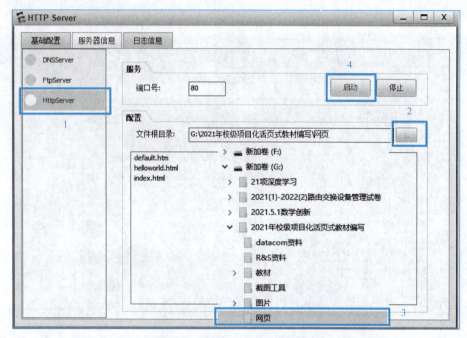

图 1-10　HTTP Server 服务配置

选择 HTTP Client，双击进入基础配置界面，根据 IP 地址规划，设置 HTTP Client 的 IP 地址、子网掩码、DNS 域名服务器 IP 地址。HTTP Client IP 地址配置如图 1-11 所示。

图 1-11　HTTP Client IP 地址配置

在 HTTP Client 配置界面，选择"客户端信息"选项卡，选择 HttpClient，在地址栏输入 HTTP Client 的 IP 地址，弹出 File download 对话框，单击"保存"按钮，返回 200 OK。因为 eNSP 没有内置 Web 解析模块，超文本协议 HTTP 文本会无法显示，所以返回 200 OK 即表示 HTTP 服务正常，如图 1-12 所示。

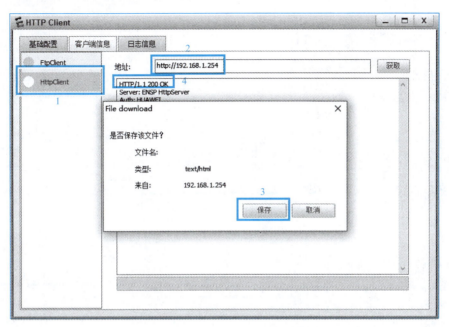

图 1-12 HTTP Client 服务配置

三、配置 DNS 服务

选择 DNS Server，双击进入基础配置界面。根据 IP 地址规划，设置 DNS Server IP 地址、子网掩码。DNS Server IP 地址配置如图 1-13 所示。

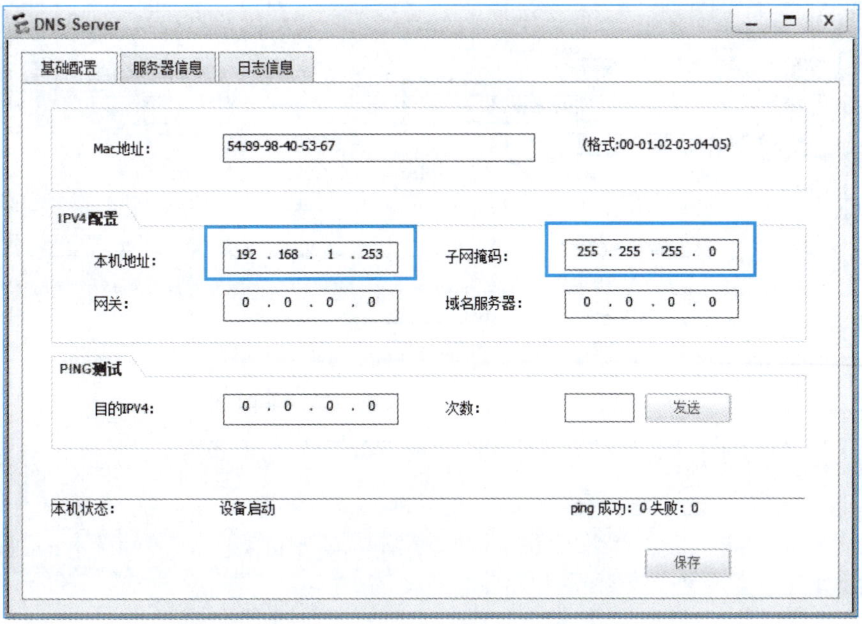

图 1-13 DNS Server IP 地址配置

在 DNS Server 配置界面，选择服务器信息，选择 DNSServer，在地址栏输入 HTTP Server 的 IP 地址和公司的域名 www.xinglong.com，单击"增加"按钮，再单击"启动"按钮。具体配置如图 1-14 所示。

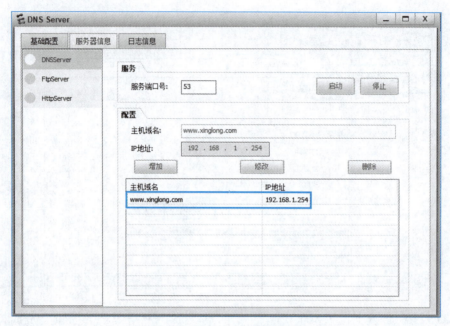

图 1-14　DNS Server 域名配置

四、结果验证

选择 HTTP Client，在地址栏输入 HTTP 服务器的域名 www.xinglong.com，单击"获取"按钮，返回 200 OK 即表示能通过域名访问 HTTP，返回结果如图 1-15 所示。

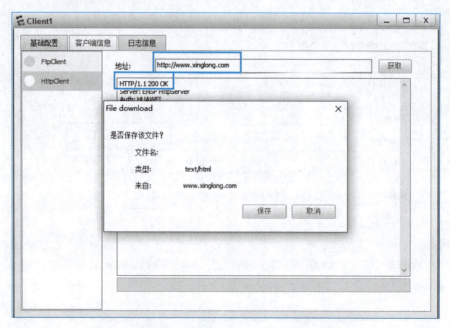

图 1-15　域名访问 Web 网站结果

拓展学习

根据《中华人民共和国国民经济和社会发展第十四个五年规划和2035年远景目标纲要》，以国家战略性需求为导向推进创新体系优化组合，加快构建以国家实验室为引领的战略科技力量。聚焦量子信息、光子与微纳电子、网络通信、人工智能、生物医药、现代能源系统等重大创新领域，组建一批国家实验室。培育壮大人工智能、大数据、区块链、云计算、网络安全等新兴数字产业，提升通信设备、核心电子元器件、关键软件等产业水平。构建基于5G的应用场景和产业生态，在智能交通、智慧物流、智慧能源、智慧医疗等重点领域开展试点示范。鼓励企业开放搜索、电商、社交等数据，发展第三方大数据服务产业。促进共享经济、平台经济健康发展。网络通信和网络安全已经成为国家发展重要方向，在这种大环境下，持有一个相关体系的证书毫无疑问将会有一个不错的沉淀。

随着云计算、大数据、物联网、人工智能、区块链等新一代信息技术的发展，原本趋于平稳的网络通信迎来了第二个发展浪潮，根据华为提出的云、管、端三级IT架构，网络通信作为中间的数据传输"管道"，也是整个架构中不可或缺的重要部分，没有高速率、高可靠的数据传输，就没有海量的数据可供分析。人工智能中的无人驾驶也需要低延时的传输速率支撑。所以，大时代背景下，不管我们从事的是人工智能还是大数据相关工作，都需要对网络通信有相应的理解。

习 题

1. 在eNSP中搭建一个小型局域网，练习Wireshark抓包功能，查看具体的数据包内容，巩固计算机网络TCP/IP基础知识。

2. 在互联网上查找最新eNSP应用案例。

项目 2 中小型局域网搭建

【知识目标】

（1）了解交换机的作用、分类、结构等基础知识。
（2）掌握交换机的命令行规则。
（3）掌握交换机初始配置命令。
（4）掌握配置 AAA 认证命令和仅密码认证命令。

【技能目标】

（1）具备通过 Console 口完成交换机初始配置的能力。
（2）具备通过 Telnet 远程方式管理交换机的能力。

【素养目标】

通过密码设置规则了解网络安全的重要性，具有网络安全意识。

项目描述

视频
中小型局域网搭建

A 公司刚购买了一批华为 S3700 系列交换机，为了方便对这批交换机进行上机架配置管理，需要对它们进行初始配置。交换机不带鼠标、键盘、显示器等标准输入输出设备，只有通过终端设备或普通计算机充当其输入输出设备，实现命令的输入和显示命令执行结果。图 2-1 是初始配置交换机的结构图，进行初始配置的交换机是 LSW1。

图 2-1 初始配置交换机结构图

知识链接

一、交换机概述

随着机关和企事业单位日益将网络作为战略性业务基础设施，边缘网络的高可用性、安全性、可扩展性和可控性比以前更为重要。随着网络的不断发展，网络边缘出现桌面计算能力提高、带宽密集型应用，高敏感数据在网络中扩展、多种设备类型等新需求，这些新需求逐渐与许多已有关键任务的应用争夺资源，成为有效管理信息和应用的关键。

交换机是计算机网络边缘的重要设备之一，传统交换机是具有流量控制能力的多接口网桥，即二层交换机，它一般工作在 OSI 网络模型的数据链路层，基于 MAC 地址识别完成数据帧由源地址到达目的地址的转发，是目前网络中使用最多的设备。另外，交换机也可以工作在 OSI 网络模型的第三层及第四层以上，对应的交换机分别称为三层交换机和多层交换机。三层交换机引入路由技术，基于 IP 地址进行网络层路由选择；多层交换机主要基于数据的协议接口信息进行目标接口判断实现数据转发。此处只学习二层交换机的知识。

按照在局域网的位置，交换机又被划分为接入层交换机、汇聚层交换机和核心层交换机，如图2-2所示。核心层交换机是整个网络的中心交换机，用于连接和汇聚各汇聚层交换机的流量，具有最高的交换性能，一般高性能的三层交换机充当核心层交换机；汇聚层交换机用于汇聚接入层交换机的流量，并上连至核心层交换机，一般普通三层交换机充当汇聚层交换机；接入层交换机用于连接用户计算机、服务器等，并上连至汇聚层交换机，一般具有较高的接入能力，传统的二层交换机充当接入层交换机。

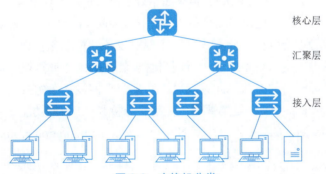

图 2-2　交换机分类

Quidway S3700 系列企业网交换机，简称 S3700，是华为公司推出的集接入、汇聚和传送功能于一身的三层以太网交换机。S3700 系列包括 S3700-26C-HI、S3700-28TP-EI-24S-AC、S3700-52P-EI-24S-AC 等交换机，受限于 eNSP 模拟器，这里基于 S3700-26C-HI 交换机进行学习。S3700-26C-HI 交换机主要参数见表2-1。

交换机内部主要有以下重要组成部分：
- CPU：交换机使用的中央处理器实现高速的数据传输。
- ROM：存储保存着设备最重要的基本输入输出的程序、系统设置信息、加电自检程序、系统自动启动程序。
- SDRAM：系统运行内存，与计算机的内存相似，运行操作系统和配置文件。

- FLASH：用于存储交换机操作系统、配置文件和系统文件，用于交换机操作系统升级。
- NVRAM：非易失存储器，存储日志。
- USB接口：用于外接大容量存储设备，主要用于设备升级，传输数据。

表2-1　S3700-26C-HI交换机的主要技术参数

交换机型号	S3700-26C-HI		
接　　口	22个10/100Base-TX口 2个1000Base-T Combo口 或100/1000Base-X口	应用层级	三层交换机
		交换容量	64 Gbit/s
		转发性能	9.3 Mpps
接　　口	1个Console接口 1个管理接口 1个USB口	MAC地址	32K
		VLAN数目	4 094
		VLANIF数目	1 024
IP路由	静态路由、支持三层动态路由		
产品简介	基于新一代高性能硬件和华为VRP（versatile routing platform）软件平台，针对企业用户园区汇聚、接入等多种应用场景，提供简单便利的安装维护手段、灵活的VLAN部署、POE供电能力、丰富的路由功能和IPv6平滑升级能力，并通过融合堆叠、虚拟路由器冗余、快速环网保护等先进技术有效增强网络健壮性，能够助力企业搭建面向未来的IT网络		

华为交换机网络管理方式有四种：Web网管方式、CLI（command line interface）命令行方式、基于SNMP（simple network management protocol）集中管理和基于iMaster NCE网络管理。Web网管方式是利用设备内置的Web服务器为用户提供图形化的操作界面。用户需要从终端通过HTTPS（hypertext transfer protocol secure）登录到设备进行管理。CLI命令行方式是用户利用设备提供的命令行，通过Console口、Telnet或SSH等方式登录到设备，对设备进行管理与维护。此方式可以实现对设备的精细化管理，但是要求用户熟悉命令行。基于SNMP集中管理是通过运行网络管理软件的中心计算机，即网络管理站来管理路由器、交换机等网元的方法。此方式可以实现对全网设备集中式、统一化管理，大大提升了管理效率。iMaster NCE是集管理、控制、分析和AI智能功能于一体的网络自动化与智能化平台。iMaster NCE采用NETCONF（network configuration protocol）、RESTCONF（representational state transfer conventions for network configuration）等协议对设备下发配置，使用Telemetry监控网络流量。

二、交换机的主要参数

背板带宽是交换机接口处理器或接口卡和数据总线间所能吞吐的最大数据量。交换机所有的接口间的通信都要通过背板完成，所以背板带宽标志了交换机总的数据交换能力。一台交换机的背板带宽越高，处理数据的能力就越强，但同时设计成本也会增大。交换机背板带宽计算公式：

$$背板带宽 = 接口数量 \times 接口速率 \times 2$$

交换机的接口速率是指每秒通过的比特数。交换机的接口由于采用不同的技术标准，接口的速率不同，接口传输介质和传输距离也不一样。当前交换机提供的接口速率有100 Mbit/s、1000 Mbit/s、10 Gbit/s、25 Gbit/s等。

交换机的接口数量是衡量交换机最直观的因素，通常此参数是针对固定接口交换机而言，常见的标准固定接口交换机接口数有8、12、16、24、48等几种。而非标准的接口数主要有4接口、5接口、10接口、12接口、20接口、22接口和32接口等。交换机的每个接口都是一个冲突域，但所有接口都属于一个广播域，可采用级联或堆叠来增加总的接口数。

接口密度是指一台交换机上可用的接口数。通常一台固定配置交换机至多支持48个接口。在空间和电源有限的情况下，高接口密度可以更有效地利用这些资源。因为，如果用两台24口交换机，则至多可以支持46台设备，因为每台交换机都至少有一个接口用于将交换机本身连接到网络其他部分。此外，还需要两个电源插座。通过附加多个交换机接口线路卡模块化交换机可以支持限高的接口密度。如果没有高密度的模块化交换机，网络使用大量的固定配置交换机，这会占用许多电源插座和大量的配线空间。

交换机接口有两种模式，即单工（半双工）模式和全双工模式。交换机的单工接口在某一时刻只能单向传输数据，而交换机全双工接口可以同时发送和接收数据，但这要求交换机和所连接的设备都支持全双工工作方式。具有全双工功能的交换机具有高吞吐量、避免碰撞和改善长度限制的优点。

转发速率通过标定交换机每秒能够处理的数据量来定义交换机的处理能力，在选择交换机时，转发速率是要考虑的重要因素。如果交换机的转发速率太低，则它无法支持在其所有接口之间实现全线速通信，线速是指交换机上每个接口能够达到的数据传输速率。交换机接口线速转发的衡量标准是以64 B的数据包（第二层或第三层包）作为计算基准，对于千兆以太网，一个线速接口的包转发率为1.488 Mpps（pps：packet per second），而对于快速以太网，一个线速接口的包转发率为148.8 Kpps。

三、交换机配置方式

华为交换机配置方式有四种：

（1）配置口（console）方式。交换机的配置口是串口，将其与计算机的串口通过专用的配置电缆连接起来，实现交换机的配置，这是初始化交换机必须要使用的一种配置方式。只有通过这种方式配置交换机必要的基本参数后，才可以用交换机的其他配置方式进行配置。

（2）Telnet/SSH方式。把计算机与交换机的某Ethernet接口用RJ-45连接线连接起来。采用这种方式的条件是交换机的管理接口已设置IP地址。Windows系列操作系统上都有Telnet终端仿真程序。单击"开始"按钮，选择"运行"命令，在弹出的对话框中输入telnet ip-address（交换机的管理IP地址）或telnet hostname（交换机的域名或主机名）命令，登录到交换机并对其进行管理和配置。Telnet登录弹出的操作界面与通过Console口以超级终端方式进行连接时完全相同。

（3）Web或网管软件方式。与Telnet/SSH方式一样，这种方式也要求交换机有管理IP地址的设置，并且将交换机和管理计算机配置在相同的IP网段。运行Web浏览器，在地址栏中输入交换机的IP地址或域名后按【Enter】键，在弹出的对话框中输入具有最高权限的用户名和密码（对交换机的访问通常必须设置权限）即可进入交换机的Web主界面，对交换机进行管理。

（4）TFTP 服务器方式。通过 TFTP 服务器对交换机软件系统进行保存、升级和配置文件的保存、下载和恢复等，简单、快捷地管理交换机。

四、VRP 系统之命令行

1. 命令结构

华为提供的命令格式由命令字、关键字和参数列表三部分组成，其中参数列表又分为参数名和参数值。命令字规定了系统应该执行的功能，如 display（查询设备状态），reboot（重启设备）等；关键字由特殊的字符构成，用于进一步约束命令，是对命令的拓展，也可用于表达命令构成逻辑而增设的补充字符串；参数列表是对命令执行功能的进一步约束，包括一对或多对参数名和参数值。一条命令最多有一个命令字，若干个关键字和参数，命令字、关键字、参数名、参数值之间，需要用空格分隔开。在命令行 CLI 界面输入命令，实现对路由交换设备的配置管理。

在查看接口信息命令 display ip interface ge0/0/1 中，display 是命令字，ip 是关键字，interface 是参数名，ge0/0/1 是参数值。

2. CLI 视图模式

华为交换机按功能分类，将命令分别注册在不同的命令行视图下，如图 2-3 所示。配置某一功能时，需首先进入对应的命令行视图，然后执行相应的命令进行配置。

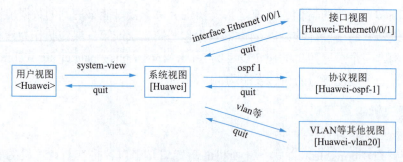

图 2-3 命令视图

用户登录交换机后的第一个视图叫用户视图，提供查询和统计信息等功能，命令提示符是尖括号< >，从用户视图可进入系统视图。

在用户视图下输入 system-view 后进入系统视图，命令提示符为方括号[ ]，提供全局配置命令，同时也是接口视图、协议视图等视图的入口。在系统视图下可以更改交换机名字、关闭信息提示等。

```
<Huawei>system-view                    // 进入系统视图的命令
[Huawei]sysname S3700                   // 更改交换机名称
[Huawei]undo info-center enable         // 关闭信息提示功能
[Huawei]quit                            // 返回用户视图
```

配置接口参数的视图称为接口视图，命令提示符为方括号[ ]，可以配置接口相关的物理属性、链路层特性及 IP 地址等重要参数。使用 interface 命令并指定接口类型及接口编号可以进入相应的接口视图。

```
[Huawei]interface GigabitEthernet 0/0/1              // 进入接口视图
[Huawei-GigabitEthernet0/0/1]port link-type access   // 更改接口属性为 access
[Huawei-GigabitEthernet0/0/1]quit                    // 退出接口视图模式
```

配置协议的视图称为协议视图，命令提示符为方括号[ ]，可以配置协议相关的参数。使用 ospf 命令可以进入相应的 ospf 协议配置视图。

```
[Huawei]ospf 1                                                  // 进入协议视图
[Huawei-ospf-1]area 0                                           // 配置 area 0
[Huawei-ospf-1-area-0.0.0.0]network 192.168.1.16 0.0.0.3        // 配置直连网络
```

3. 命令行规则

交换机、路由器的命令行界面提供基本的命令行编辑功能，以下为常用的编辑功能：

（1）Tab 键命令补齐。在任何模式下，输入命令行的关键字可以用 Tab 键补齐命令。例如，在命令行输入"int"可用 Tab 键补齐为"interface"。

（2）命令简写。在任何模式下，只要输入的命令行的关键字能与同一模式下的其他命令完全区分开，即可以不必输入完整的关键字。例如，"interface Ethernet 0/0/1"完全可以写成"int e 0/0/1"。

（3）"?"的使用。在任何模式下，"?"可以分为完全帮助和部分帮助。完全帮助只要输入一个"?"即可显示该模式下的所有命令。如果不知道命令行后面的参数是什么，可以在该命令的关键字后空个格，输入"?"，交换机或路由器即会提示与"?"所对应位置的参数。

```
[Huawei]?
System view commands:
  aaa                 AAA
  acl                 Specify ACL configuration information
  alarm               Enter the alarm view
  anti-attack         Specify anti-attack configurations
  ---- More ----
[Huawei]vlan ?
  INTEGER<1-4094>   VLAN ID
  batch             Batch process
```

如果不会正确拼写某个命令，只记得命令关键字开头的一个或几个字母时，可以使用部分帮助，输入开始的几个字母，在其后紧跟一个问号"?"，交换机或路由器就会提示有相应的命令与其匹配。例如：

```
[Huawei]in?
  info-center                                      //interface
```

（4）要去掉某条配置命令或禁用某个功能，可在原配置命令前加一个 undo 并空一格，取消配置或禁用功能。

```
[Huawei-GigabitEthernet0/0/1]ip address 192.168.1.1 24
[Huawei-GigabitEthernet0/0/1]undo ip address    // 取消 IP 地址配置
[Huawei]ftp server enable
[Huawei]undo ftp server                         // 禁用 FTP 功能
```

4. 常用组合编辑

组合键的使用可以提高工作效率，表2-2列出了 eNSP 软件上的网络设备常用的组合键及其编辑功能。

表 2-2 常用组合键及功能

组 合 键	编 辑 功 能	组 合 键	编 辑 功 能
Ctrl+A	光标移到行首	Ctrl+E	光标移到行尾
Ctrl+B	光标向左移动一个字符	Ctrl+C	终止当前正在进行的行为或功能
Ctrl+D	删除光标右边的一个字符	Ctrl+H	删除光标左边的一个字符
Ctrl+U	删除光标左边的所有字符	Ctrl+Z	返回到用户视图
Ctrl+N	显示缓存区域中的下一条命令	Ctrl+P	显示缓存区域中的上一条命令
Ctrl+I	重新显示当前行的信息	Ctrl+J	执行回车操作

交换机初始配置命令

1. 系统视图下设置交换机名称

`hostname` *name*

例如，设置交换机名称为 sziit_S01 的命令：

`sysname sziit_S01`

2. 系统视图下设置 Console 口

`user-interface console 0`

3. 接口视图下设置认证模式

`authentication-mode { aaa | none | password }`

接口认证模式有 AAA 认证模式、无密码模式和密码模式。

4. 配置认证模式为密码加密模式

`set authentication password { cipher | simple }` *password*

cipher 表示设置的密码会加密，simple 表示设置的密码以明文的形式显示。

5. 配置用户权限级别

`user privilege level` *level-number*

为了限制不同用户对设备的访问权限，对用户级别按0～15级进行注册，level-number 取值范围为0～15。0是参观级，可以使用部分 display 命令；1是监控级，可以使用 display 命令；2是配置级，可以使用业务配置命令；3～15是管理级，可以使用系统基本运行命令，对文件系统、FTP、TFTP 下载以及故障诊断的 debug 命令提供支撑作用。

6. AAA 认证模式下创建用户和密码

`local-user` *user-name* `password { cipher | simple }` *password*

7. AAA 认证模式下配置用户权限级别

`local-user` *user-name* `privilege level` *level-number*

项目设计

交换机初始配置项目主要分为两部分：第一部分是采用Console配置方式配置交换机LSW1，配置交换机名称、Console登录密码、交换机远程管理IP地址；第二部分是采用Telnet方式通过网络远程管理配置交换机LSW1，配置Telnet远程登录验证方式和登录密码。

在图2-1中，PC、Console线缆（绿色连接线）和交换机LSW1完成第一部分内容配置。Console线两端分别连接PC计算机的RS232串口和LSW1的Console口；交换机LSW1、LSW2、Cloud和用户本地计算机完成第二部分内容配置。

设计交换机的管理接口为Vlanif1，交换机名称可以用交换机所处物理位置加序号、所属部门名字命名，或所连接网络功能等进行命名。交换机的密码设计遵循常规的密码安全设计原则，特别要符合以下密码复杂性要求，并定期更改密码：

（1）不可包含用户账户名称的全部或部分文字。

（2）至少要8个字符。例如名称为S3700-1。

（3）至少要包含A～Z、a～z、0～9、非字母数字（如！、$、%）等四组中的三组。

以初始配置一台全新的S3700交换机，即图2-1中的LSW1为例，设计其管理IP地址为192.168.10.2/24，交换机名为sziit-S01，Console口的密码模式登录密码为Huawei_123，AAA认证模式用户名为user01，登录密码为Huawei_456；Telnet的密码模式远程登录密码为HuaW_123，AAA认证模式用户名为user02，远程登录密码为HuaW_456。配置本地环回网卡IP地址为192.168.10.1/24。表2-3列出了LSW1交换机初始配置详细设计参数。

表2-3 LSW1 初始化配置参数

本地环回网卡	IP 地址	192.168.10.1/24	
LSW1	IP 地址	192.168.10.2/24	
	设备名称	Sziit-S01	
	Console 登录	密码模式	Huawei_123
		AAA 认证模式	user01，Huawei_456
	Telnet 登录	密码模式	HuaW_123
		AAA 认证模式	user02，HuaW_456

项目实施与验证

交换机初始化配置思路流程图如图2-4所示。

图 2-4　初始化配置流程图

一、Console 方式配置交换机初始配置

1. 配置交换机名称

单击 PC，在打开的窗口下选择串口并按照图 2-5 所示配置波特率等参数，选择连接。当屏幕区出现 <Huawei> 字样表示已经连接上交换机 LSW1。

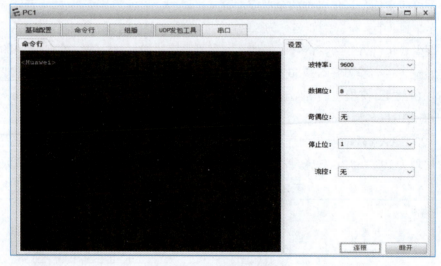

图 2-5　Console 连接成功

为了方便管理，会对全新的交换机配置全网唯一的名称，指定有意义的交换机名称可以提高系统日志的易用性，修改交换机 LSW1 名称如下所示：

```
<Huawei>system-view
[Huawei]sysname sziit-S01
[sziit-S01]
```

2. 配置 Console 口登录

对交换机进行网络进行管理时，为了安全，需要为设备配置登录密码，尤其是使用 Console 线直连设备时。Console 口密码认证有两种方式：一种是密码模式配置登录密码，用户登录时只需要输入密码即可；另一种是 AAA 认证模式配置用户、密码和管理权限，用户按照设置的用户名和密码登录，并根据设置权限管理交换机。

（1）Console 口密码模式下，配置登录密码并验证

```
[sziit-S01]user-interface console 0
```

```
[sziit-S01-ui-console0]authentication-mode password
[sziit-S01-ui-console0]set authentication password cipher Huawei_123
[sziit-S01-ui-console0]return
<sziit-S01>save
The current configuration will be written to the device.
Are you sure to continue?[Y/N]Y
Now saving the current configuration to the slot 0.
Save the configuration successfully.
<sziit-S01>quit
```

密码认证完成后输入 save 命令保存退出，重新连接 Console 接口会出现输入密码的界面，输入配置的 Console 接口密码 Huawei_123 后，出现 <sziit-S01> 表示连接成功。

```
Please Press ENTER.
Login authentication
Password:                                        //输入密码 Huawei_123
<sziit-S01>
```

（2）Console 口 AAA 认证模式下，配置用户名、密码及管理权限并验证

```
[sziit-S01]user-interface console 0
[sziit-S01-ui-console0]authentication-mode aaa  //console 接口配置 AAA 认证模式
[sziit-S01-ui-console0]quit
[sziit-S01]aaa
[sziit-S01-aaa]local-user user01 password cipher Huawei_456
                                                 //新增用户名、密码
[sziit-S01-aaa]local-user user01 privilege level 15
                                                 //设置新增用户 user01 级别为 15
[sziit-S01-aaa]quit
<sziit-S01>save
The current configuration will be written to the device.
Are you sure to continue?[Y/N]Y
Now saving the current configuration to the slot 0.
Save the configuration successfully.
<sziit-S01>quit
```

AAA 认证配置完成后输入 save 命令保存退出，重新连接 Console 接口会出现输入用户名和密码的界面，在界面中输入新建的用户 user01 和密码 Huawei_456 后，出现 <sziit-S01> 表示连接成功。

```
Please Press ENTER.
Login authentication
Username:user01
Password:                                        //输入密码 Huawei_456
<sziit-S01>
```

3. 配置管理 IP 地址

在交换机中可以给 Vlanif1 接口配置一个 IP 地址，即为交换机的管理 IP 地址，使用管理 IP 地址可以让网络管理员使用 Telnet 或网络管理软件等方式远程管理交换机。

```
[sziit-S01]int Vlanif 1
[sziit-S01-Vlanif1]ip address 192.168.10.2 24
```

4. 使能 Telnet 功能

```
[sziit-S01]telnet server enable                          // 使能 Telnet 功能
[sziit-S01]user-interface vty 0 4
[sziit-S01-ui-vty0-4]authentication-mode none            // 设置无密码 Telnet 远程登录
```

二、Telnet 方式远程管理交换机

配置 Telnet 远程访问交换机 LSW1 时，因 eNSP 模拟器中的计算机不能使用 Telnet 命令，所以使用本地真实计算机代替 eNSP 中计算机远程登录到 LSW1。为了实现本地计算机 Telnet 连接 eNSP 模拟器中路由、交换机等设备，可以在 eNSP 中添加一个桥接专用的 Cloud，此 Cloud 一端关联到真实计算机环回网卡，另一端连接到 LSW2，它是 eNSP 模拟器和真实计算机之间的桥梁，实现本地计算机 Telnet 远程登录到 eNSP 中的交换机。

1. 配置本地环回网卡

在安装 Windows 操作系统的计算机上按住【Win+R】组合键，弹出运行框，在运行框中输入 hdwwiz（硬件安装向导），单击"确定"按钮。确定后会出现添加硬件的界面，单击"下一步"按钮，勾选"安装我手动从列表选择的硬件（高级）"，单击"下一步"按钮，在弹出的界面中选择网络适配器后单击"下一页"。在弹出的界面左侧指定 Microsoft，右侧选择 Microsoft KM-TEST 环回适配器，单击"下一步"按钮。保持默认，单击"下一步"按钮。弹出 Microsoft KM-TEST 环回适配器配置成功界面，单击"完成"按钮，完成本地回环网卡的安装，如图 2-6 所示。

(a) 环回适配器选择　　　　　　　　　　　　(b) 环回网卡安装完成

图 2-6　环回适配器安装

打开本地计算机控制面板，选择"网络连接"，在"网络连接"界面双击环回适配器，然后选择属性，双击"Internet 协议版本 4（TCP/IPv4）"，进入 IP 地址配置界面，配置 IP 地址为 192.168.10.1/24。

2. 配置桥接 Cloud

每个 Cloud 需要新建一个 UDP 接口和一个关联环回网卡的接口，组成一个桥接接口对。Cloud 设置界面如图 2-7 所示，Cloud 的配置步骤如下：

（1）配置 UDP 参数，绑定信息选择 UDP，端口类型选择 GE 口，单击"增加"按钮，

生成 UDP 接口。

（2）关联本地计算机环回网卡与 Cloud，单击"增加"按钮，生成另一接口。

（3）绑定好后勾选端口映射，端口类型选为 GE，端口 1 表示 eNSP 模拟器上交换机 LSW1 入口，端口 2 本地计算机网口，选中双向通道，单击"增加"按钮，右边形成端口映射表。

（4）打开本地计算机的 cmd，输入 telnet 192.168.10.2，登录成功。

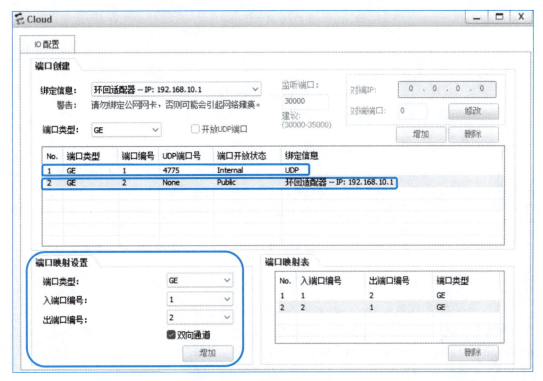

图 2-7　Cloud 配置参数

3. 配置 Telnet 远程登录并验证

（1）Telnet 密码模式下，配置登录密码并验证

```
<sziit-S01>system-view
[sziit-S01]user-interface vty 0 4
[sziit-S01-ui-vty0-4]authentication-mode password  //设置仅密码Telnet远程登录
[sziit-S01-ui-vty0-4]set authentication password cipher HuaW_123
                                                  //设置接口验证密码
[sziit-S01-ui-vty0-4]user privilege level 15      //设置用户优先级
[sziit-S01-ui-vty0-4]return
<sziit-S01>save
The current configuration will be written to the device.
Are you sure to continue?[Y/N]Y
Now saving the current configuration to the slot 0.
Save the configuration successfully.
<sziit-S01>quit
```

密码设置完成后输入 save 命令保存退出。打开本地计算机 cmd 输入 telnet 192.168.10.2 远程登录交换机 LSW1。Telnet 连接 LSW1 会出现输入密码的界面，在界面中输入配置的 Telnet 接口密码 HuaW_123 后，出现<sziit-S01>表示连接成功。

```
Please  Press  ENTER.
Login  authentication
Password:                                              // 输入密码 HuaW_123
<sziit-S01>
```

（2）Telnet AAA 认证模式下，配置用户名、密码及管理权限并验证

```
<sziit-S01>system-view
[sziit-S01]user-interface vty 0 4
[sziit-S01-ui-vty0-4]authentication-mode aaa      //Telnet 配置 AAA 认证模式
[sziit-S01-ui-vty0-4]quit
[sziit-S01]aaa
[sziit-S01-aaa]local-user user02 password cipher HuaW_456
                                                      // 新增用户名、密码
[sziit-S01-aaa]local-user user02 privilege level 15 // 设置新增用户 user02 级别 15
[sziit-S01-aaa]quit
<sziit-S01>save
The current configuration will be written to the device.
Are you sure to continue?[Y/N]Y
<sziit-S01>quit
```

AAA 认证配置完成后输入 save 命令保存退出，打开本地计算机 cmd 输入 telnet 192.168.10.2 远程登录交换机 LSW1，出现输入用户名和密码的界面，在界面中输入用户 user02 和密码 HuaW_456 后，出现<sziit-S01>表示连接成功。

```
Please Press ENTER.
Login authentication
Username:user02
Password:                                              // 输入密码 HuaW_456
<sziit-S01>
```

拓展学习

什么是密码，它有什么作用？

密码一词在当今社会中随处可见，但很多人对密码并不是真正地了解，可能有人认为密码就是我们日常生活中计算机开机密码、网站和电子邮箱登录密码、银行卡支付和取款输入的密码等。实际上这并不是真正意义上的密码，准确地讲这些应该称为口令，口令只是进入个人计算机、手机、电子邮箱或个人银行账户的通行证，它是一种最简单、最初级的认证方式。

《中华人民共和国密码法》中所称的密码，是指采用特定变换的方法对信息等进行加密保护、安全认证的技术、产品和服务。密码的加密保护功能用于保证信息的机密性，密

码的安全认证功能用于实现信息的真实性、数据的完整性和行为的不可否认性。相对于人力保护、设备加固、物理隔离、防火墙、监控技术、生物技术等,密码技术是保障网络与信息安全最有效、最可靠、最经济的手段。

如何充分发挥密码在保障网络安全方面的重要作用?

一是坚持以人为本,筑牢国计民生密码安全防线,密码发展始终围绕着人民福祉。亿万民众的身份证、银行卡、社保卡、公交卡,家家户户的智能电表、智能机顶盒,面向居民的政务服务、社区服务、纳税缴费等,都有密码在保驾护航。二是坚持融合应用,赋能数字经济高质量发展。密码是保护数据安全最经济、最可靠、最有效的手段,对消除数据孤岛、发挥数据价值有着不可替代的重要作用,能够实现数据所有权、使用权、管理权有效分离和保护,可以让数据安全可靠地跑起来、用起来、活起来。推动密码与数字基础设施体系建设深度融合,为数字经济高质量健康发展提供有力支撑。三是坚持科技创新,谱写密码高水平自立自强新篇。密码高水平自立自强的关键在于密码基础理论引领研究的原创能力,以及密码关键核心工程与应用技术领先研发的攻坚突破能力。我国密码科技在国家密码发展基金等国家级科技计划项目的引导和支持下,取得了一系列具有国际一流水平的创新成果。我国自主研制的 SM2 椭圆曲线公钥密码签名算法、SM3 密码杂凑算法、SM4 分组密码算法、ZUC 序列密码算法、SM9 标识密码算法均已成为 ISO/IEC 国际标准。四是坚持依法管理,共建密码行业发展良好生态。《中华人民共和国密码法》实施以来,我国密码工作的规范化、科学化、法治化水平得到显著提升,全社会密码安全和应用密码的意识普遍增强。值得关注的是,近年来,各地区各有关部门陆续出台了一系列促进商用密码产业发展的政策措施,在资金补助、创新研发、人才引进、成果转化等方面给予实打实的支持,不断优化产业生态,商用密码正在迎来依法治理、供需互促、创新发展的新阶段。

密码技术已经成为保障网络与信息安全的重要支撑。未来,从更广阔的视角来看,密码技术是数字时代的基础性核心技术之一,谁掌控密码技术的先导权,谁就拥有控制相应网络与信息的能力。

习 题

1. 管理员想要更新 AR2200 路由器的 VRP,则正确的方法有(　　)。(多选)
   A. 管理员把 AR2200 配置为 TFTP 服务器,通过 TFTP 来传输 VRP 软件
   B. 管理员把 AR2200 配置为 TFTP 客户端,通过 TFTP 来传输 VRP 软件
   C. 管理员把 AR2200 配置为 FTP 服务器,通过 FTP 来传输 VRP 软件
   D. 管理员把 AR2200 配置为 FTP 客户端,通过 FTP 来传输 VRP 软件
2. 全新交换机没有 IP 地址,应如何去配置?
3. 如果忘记或丢失了交换机的密码,应该怎么办?
4. 各种交换机配置方法的应用场合和特点是什么?其要求是什么?

项目 3

安全小型局域网组建

【知识目标】

(1) 掌握MAC地址的基础知识。
(2) 掌握交换机交换的基本原理。
(3) 掌握接口安全在网络中的应用。

【技能目标】

(1) 具备部署交换机接口安全的能力。
(2) 能够运用华为交换机MAC地址表管理命令。

【素养目标】

通过以太网接口安全配置培养网络安全意识。

项目描述

视 频

安全小型局域网组建

公司局域网由三台 S3700 交换机和四台员工计算机组成：财务员工1、财务员工2、员工3和员工4组成，如图3-1所示。交换机 LSW3 提供给外部客户访问公司网络，公司的财务员工涉及公司重要隐私，外部客户不能访问，但与其他员工主机访问不受限制，即连接在交换机 LSW3 的外来客户计算机不能与财务员工1和财务员工2通信，与员工3和员工4可以正常通信，公司内部员工计算机可以正常通信。为了实现上述需求，需要在交换机 LSW1 的接口 Ethernet 0/0/1 使能接口安全功能和配置 Sticky MAC 功能，设置接口学习 MAC 地址数的上限为2，且接口绑定允许通过的 PC 的 MAC 地址，这样其他外来人员使用自己带来的 PC 无法访问公司的财务员工。

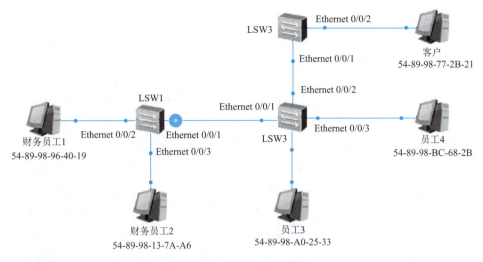

图 3-1　公司网络拓扑图

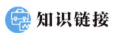 知识链接

一、MAC 地址基础知识

MAC（media access control）也称物理地址、硬件地址，由网络设备制造商生产时烧写在硬件内部。如同每个人都有身份证号码来标识自己一样，网络中每台设备都有一个唯一的 MAC 地址，用于定义设备在网络中的位置。MAC 地址的长度为 6 B 即 48 bit，通常表示为 12 个十六进制数，每 2 个或每 4 个十六进制数之间用冒号或连接号隔开，如 08:00:20:0A:8C:6D 就是一个 MAC 地址，前 3 个十六进制数 08:00:20 代表网络硬件制造商的编号，它由电气与电子工程师协会 IEEE（institute of electrical and electronics engineers）分配，后 3 个十六进制数 0A:8C:6D 代表该制造商所制造的某个网络产品（如网卡）的序列号。每个网络制造商必须确保它所制造的每个以太网设备都具有相同的前 3 字节以及不同的后 3 字节。这样就可保证世界上每个网络设备都具有唯一的 MAC 地址，并可用作唯一标识设备的地址。

MAC 地址可以分为单播 MAC 地址、广播 MAC 地址和组播 MAC 地址三种类型。单播 MAC 地址用于标识网络中的单一节点。单播 MAC 地址可以作为以太网数据帧的源或目的 MAC 地址。目的 MAC 地址为单播 MAC 地址的数据帧发往局域网的单一节点。广播 MAC 地址是指全 1 的 MAC 地址，例如 FF-FF-FF-FF-FF-FF，用来表示局域网上的所有终端设备。目的 MAC 地址为广播 MAC 地址的数据帧发往局域网的所有节点。组播 MAC 地址是除广播地址外，第 8 bit 为 1 的 MAC 地址，例如 01-00-00-00-00-00，用来代表局域网上的一组终端。目的 MAC 地址为组播 MAC 地址的帧发往局域网中的一组节点。

以太网交换机是基于收到的数据帧中的源 MAC 地址和目的 MAC 地址实现通信寻址。在交换式网络中，各主机的 MAC 地址存储在交换机的 MAC 地址表中。交换机在工作过程中会向 MAC 地址表不断写入新学习到的 MAC 地址。当某个交换机接口上的主机 MAC 地址记录到 MAC 地址表后，交换机就可以知道在后续传输中应将目的地为该主机的数据帧从与该主机相连的接口上发出。一旦交换机断电或重新启动后，其内部的 MAC 地址表会被自动清空或清空后又重新建立。

MAC 地址表的形成过程如图 3-2 所示。初始状态下，交换机并不知道所连接主机的 MAC 地址，所以 MAC 地址表为空。主机1想要发送数据给主机2（假设已知对端的 IP 地址和 MAC 地址），会封装数据帧，数据帧中的目的 MAC 地址为主机2的 MAC 地址 MAC2，数据帧中的源 MAC 地址为主机1的 MAC 地址 MAC1。交换机收到数据帧后读取数据帧的目的 MAC 地址 MAC2 并查询 MAC 地址表，发现表中没有 MAC2 表项，则交换机收到的数据帧是未知单播帧。此时，交换机会泛洪该数据帧，数据帧会被转发到除了数据接收接口 GE0/0/1 之外的其他接口 GE0/0/2 和 GE0/0/3。同时，交换机把该数据帧的源 MAC 地址 MAC1 和接收口 GE0/0/1 记录到 MAC 地址表中，形成地址表表项。GE0/0/2 和 GE0/0/3 所连接的主机都会收到该数据帧，但只有主机2会回复主机1，发送目的 MAC 地址为 MAC1，源 MAC 地址为 MAC2 的数据帧给主机1。交换机收到该数据帧后读取数据帧的目的 MAC 地址 MAC1 并查询 MAC 地址表，发现表中有去 MAC1 的表项，则将数据从对应的接口 GE0/0/1 转发出去。同时，交换机将该数据帧的源 MAC 地址 MAC2 和对应接口编号 GE0/0/2 记录到 MAC 地址表中。此时，主机1和主机2可以通过交换机进行点到点的连接通信了。

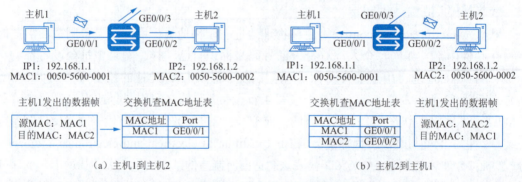

图 3-2 MAC 地址表形成

MAC 地址表中动态学习的表项并非永远有效，每一条表项都有一个生存周期，到达生存周期仍得不到更新的表项将被删除，这个生存周期被称作老化时间。例如华为 S 系列交换机的老化时间默认值是 300 s。MAC 地址的老化时间可以设置，但是老化时间设置过早，地址过早从表中移除，会造成不必要的泛洪，从而影响交换性能。网络管理员可以为某些接口专门分配静态 MAC 地址。静态 MAC 地址表项不会老化，重启不会丢失，优先级高于动态 MAC 地址，设置静态 MAC 地址也便于网络管理员控制对网络的访问。

二、交换机转发技术

转发技术是指交换机所采用的用于决定如何转发数据帧的转发机制。局域网交换机在转发数据帧时，采用帧交换（frame switching），该技术包括三种主要的交换方式，即存储转发（store and forward）、快速转发（cut through）和自由分段（fragment free）。

采用存储转发方式时，交换机将复制整个帧到它的缓冲区里，然后计算 CRC。帧的长短可能不一样，所以延时根据帧的长短而变化。如果 CRC 不正确，帧将被丢弃；如果正确，交换机将读取数据帧中的目标地址然后转发它们。如果所接收到的数据帧存在错误，太短（小于 64 B）或太长（大于 1 518 B），最终都会被抛弃。由于没有残缺数据帧转发，减少了潜在的不必要数据转发。但又因为交换机要检查完整的数据帧，并且需要解读数据帧的目的地址与源地址，在 MAC 地址列表中进行适当的过滤，所以采用这种转发方式的交换机在接收数据帧时延迟较大，且越大的数据帧延迟时间越长。

采用快速转发方式时，交换机接收数据帧后，一旦检测到目的地址就立即进行转发操作。快速转发技术的优点是转发速率快、减少延时和提高整体吞吐率。其缺点是交换机在没有完全接收并检查数据帧的正确性之前就已经开始了数据转发。在通信质量不高的环境下交换机会转发所有的完整数据帧和错误数据帧，给整个交换网络带来了许多垃圾通信包。因此，快速转发技术在减少传输延迟的同时也削减了对数据帧的错误检测能力。

采用自由分段方式时，交换机接收数据帧后，一旦检测到该数据帧不是冲突碎片（collision fragment）就进行转发操作。冲突碎片是因为网络冲突而受损的数据帧碎片，其特征是长度小于 64B。冲突碎片并不是有效的数据帧，应该被丢弃。在这种模式下，交换机会检测数据帧的前 64B（这通常包括数据帧的头部和一部分数据），然后才开始转发。这确保了数据的完整性，减少了传输碎片的可能性，同时也在一定程度上降低了转发延迟。

图 3-3 用图形方式对交换机的三种交换方式进行比较。

图 3-3　交换机三种交换方式比较

三、接口安全基础知识

接口安全（port security）通过将接口学习到的动态 MAC 地址转换为安全 MAC 地址，阻止非法用户通过本接口和交换机通信，从而增强设备的安全性。接口安全性可以通过设定交换机接口允许通过的 MAC 地址，或限制接入交换机接口的设备数量的方式，降低恶意终端接入网络的风险。交换机上已启用但未配置接口安全的接口，很容易被监控信息或攻击。因此，在部署交换机之前应保护所有交换机接口，并对接口安全性进行设定。如果接口设定了安全的 MAC 地址，那么当数据帧的源地址不属于已定义的安全地址组中的地址时，接口就不会转发这些数据帧。

如果将接口的安全 MAC 地址的数量限制为一个，并为该接口只分配一个安全 MAC 地址，那么只有源地址为该特定安全 MAC 地址的计算机才能成功连接到该交换机接口。如果接口已配置允许接入最大数量，并且安全 MAC 地址的数量已达到最大值，那么当尝试访问该接口的计算机的 MAC 地址不同于任何已确定的安全 MAC 地址时，则会发生安全违规。在交换机中可以配置发生安全违规时对接口所采取的安全动作。

安全 MAC 地址分为安全动态 MAC 地址、安全静态 MAC 地址与 Sticky MAC 地址。

在对接入用户的安全性要求较高的网络中，可以配置接口安全功能及接口安全动态 MAC 学习的数量限制。安全动态 MAC 地址是指使能接口安全而未使能 Sticky MAC 地址功能时转化的 MAC 地址。当接口使能接口安全功能时，接口上之前学习到的动态 MAC 地址表项将被删除，之后学习到的 MAC 地址将变为安全动态 MAC 地址。当接口去使能接口安全功能时，接口上的安全动态 MAC 地址将被删除，重新学习动态 MAC 地址。设备重启后表项会丢失，需要重新学习。

安全静态 MAC 地址是使能接口安全时手工配置的静态 MAC 地址。

Sticky MAC 地址是指使能接口安全，又同时使能 Sticky MAC 功能后转换到的 MAC 地址。对于相对比较稳定的接入用户，可以进一步使能接口 Sticky MAC 功能，这样在保存配置之后，MAC 地址表项不会刷新或者丢失。接口使能 Sticky MAC 功能时，接口上的安全动态 MAC 地址表项将转化为 Sticky MAC 地址，之后学习到的 MAC 地址也变为 Sticky MAC 地址。Sticky MAC 地址表项保存后重启设备不丢弃。接口去使能 Sticky MAC 功能时，接口上的 Sticky MAC 地址会转换为安全动态 MAC 地址，此处重点学习 Sticky MAC 地址配置方法。

接口接入终端的数量超过安全 MAC 地址限制数后不再学习新的 MAC 地址，仅允许这些 MAC 地址和交换机通信，如果接口收到源 MAC 地址不属于安全地址组的数据帧时，无论目的 MAC 地址是否存在地址表中，交换机即认为有非法用户攻击，就会根据配置的安全动作对接口做保护处理：restrict、protect 和 shutdown。默认情况下，使用 restrict 保护动作是丢弃该报文并上报告警。表 3-1 所示为接口安全的保护模式。

表 3-1 接口安全的保护模式

动　作	说　明
restrict	丢弃源 MAC 地址不存在的报文并上报告警
protect	只丢弃源 MAC 地址不存在的报文，不上报告警
shutdown	接口状态被置为 error-down，并上报告警

交换机接口安全配置常用命令

下面的命令除非特别说明，都在接口视图下配置。

1. 配置接口安全功能

```
port-security enable
```

2. 配置接口 Sticky MAC 功能

```
port-security mac-address sticky
```

3. 配置接口安全动态 MAC 学习数量。默认情况下，接口学习的安全 MAC 地址限制数量为 1。

```
port-security max-mac-num max-number
```

4. 配置 sticky-mac 表项

```
port-security mac-address sticky mac-address vlan vlan-id
```

5. 配置接口安全保护动作

`port-security protect-action { protect | restrict | shutdown }`

6. 查看 Sticky MAC 表项

`display mac-address sticky [ vlan vlan-id | interface-type interface-number ]`

项目设计

交换机 LSW1 的接口安全部署由三部分组成：第一部分是搭建项目环境，配置终端计算机的 IP 地址并检测网络连通性；第二部分是配置交换机接口安全功能，在交换机 LSW1 的接口 Ethernet 0/0/1 配置接口安全；第三部分是项目实施结果验证，即客户计算机不能与财务员工1、2通信，但能与员工3、4通信，公司内部员工能互相通信。

设计局域网中的计算机属于 192.168.1.0/24 网段。表3-2 给出了每台计算机的详细设计参数。

表 3-2 计算机的详细设计参数

计算机名	IP 地址	计算机名	IP 地址
财务员工1	192.168.1.1/24	财务员工2	192.168.1.2/24
员工3	192.168.1.3/24	员工4	192.168.1.4/24
客户	192.168.1.254/24		

项目实施与验证

安全小型局域网组建配置思路流程图如图3-4所示。

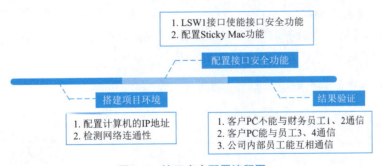

图 3-4 接口安全配置流程图

一、搭建项目环境

1. 配置计算机 IP 地址

在 eNSP 中双击财务员工1计算机，打开对话框如图3-5所示，配置财务员工1的 IP 地址等信息，配置完成后单击"应用"按钮保存设置。按照同样的方法，分别配置好表3-2 所示网络中的其他计算机的 IP 地址。在配置完所有计算机的 IP 地址后，测试网络连通性，验证 IP 地址配置是否正确。图3-6所示显示财务员工1计算机分别 ping 员工3计算机和客户计算机的情况，结果表明计算机之间通信正常。

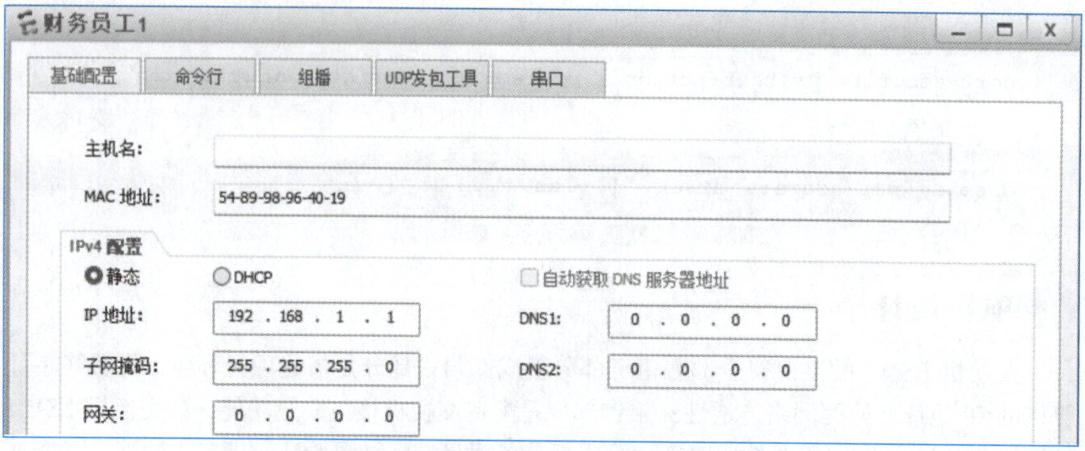

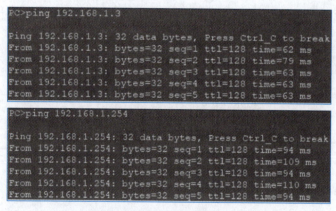

图 3-5 配置财务员工 1 的 IP 地址

图 3-6 网络连通性检测

2. 查看交换机的 MAC 地址表

完成上述步骤后，在财务员工1计算机上使用 ping 命令连通其余计算机，然后再查看交换机 LSW1 的 MAC 地址表，查询结果如下所示：

```
[LSW1]display mac-address
MAC address table of slot 0:
----------------------------------------------------
MAC Address    VLAN/    PEVLAN CEVLAN Port     Type        LSP/LSR-ID
               VSI/SI                          MAC-Tunnel
----------------------------------------------------
5489-9877-2b21 1        -      -      Eth0/0/1 dynamic     0/-
5489-9813-7aa6 1        -      -      Eth0/0/3 dynamic     0/-
5489-98bc-682b 1        -      -      Eth0/0/1 dynamic     0/-
5489-98a0-2533 1        -      -      Eth0/0/1 dynamic     0/-
5489-9896-4019 1        -      -      Eth0/0/2 dynamic     0/-
----------------------------------------------------
Total matching items on slot 0 displayed = 5
```

从 LSW1 查询到的 MAC 地址表结果可知，交换机 LSW1 的 MAC 地址表中已经自动

项目 3　安全小型局域网组建

学习并保存了所有通信计算机的 MAC 地址，而且 MAC 地址表记录都是动态学习到的，即 MAC 地址的类型是 dynamic。

二、配置接口安全功能

在交换机 LSW1 的接口 Ethernet0/0/1 配置接口安全和使能 Sticky MAC 功能。

```
[LSW1-Ethernet0/0/1]port-security enable
[LSW1-Ethernet0/0/1]port-security mac-address sticky
[LSW1-Ethernet0/0/1]port-security max-mac-num 2
[LSW1-Ethernet0/0/1]port-security mac-address sticky 5489-98BC-682B vlan 1
[LSW1-Ethernet0/0/1]port-security mac-address sticky 5489-98A0-2533 vlan 1
[LSW1-Ethernet0/0/1]port-security protect-action protect
```

三、结果验证

从两方面验证结果：一方面，客户机能访问除了财务员工之外的其他公司员工，即不能 ping 通财务员工 1 计算机和财务员工 2 计算机，但能与员工 3 和员工 4 计算机互相通信；另一方面，公司内部员工互相通信不受安全配置影响，即员工 3、员工 4 计算机与财务员工 1 计算机、财务员工 2 计算机能互相 ping 通。

以财务员工 1 和员工 3 为例，图 3-7 显示了客户计算机访问公司网络的情况，从结果可知客户计算机与财务员工 1 计算机不能 ping 通，与员工 3 计算机能 ping 通。图 3-8 显示了公司内部员工通信情况，从图可知，财务员工 1 计算机与员工 3 计算机能 ping 通，公司内部员工互访不受接口安全配置影响。项目实施结果达到预期效果。

（a）客户计算机与财务员工 1 计算机不能 ping 通

（b）客户计算机与员工 3 计算机能 ping 通

图 3-7　客户计算机访问公司网络结果

图 3-8　财务员工 1 与员工 3 互访结果

```
PC>ping 192.168.1.3

Ping 192.168.1.3: 32 data bytes, Press Ctrl_C to break
From 192.168.1.3: bytes=32 seq=1 ttl=128 time=62 ms
From 192.168.1.3: bytes=32 seq=2 ttl=128 time=62 ms
From 192.168.1.3: bytes=32 seq=3 ttl=128 time=94 ms
From 192.168.1.3: bytes=32 seq=4 ttl=128 time=62 ms
From 192.168.1.3: bytes=32 seq=5 ttl=128 time=63 ms
```

图 3-8 财务员工 1 与员工 3 互访结果（续）

配置完交换机 LSW1 接口安全后，查看交换机当前的 MAC 地址表的变化。交换机当前 MAC 地址表中员工 3 和员工 4 的 MAC 地址类型已经成为 Sticky MAC 地址，保存后重启设备，MAC 地址表项不会刷新或者丢失。

```
[Huawei]dis mac-address
MAC address table of slot 0:
-------------------------------------------------
MAC Address     VLAN/     PEVLAN CEVLAN Port       Type      LSP/LSR-ID
                VSI/SI                             MAC-Tunnel
-------------------------------------------------
5489-98a0-2533  1         -      -      Eth0/0/1  sticky    -
5489-98bc-682b  1         -      -      Eth0/0/1  sticky    -
-------------------------------------------------
Total matching items on slot 0 displayed = 2
MAC address table of slot 0:
-------------------------------------------------
MAC Address     VLAN/     PEVLAN CEVLAN Port       Type      LSP/LSR-ID
                VSI/SI                             MAC-Tunnel
-------------------------------------------------
5489-9896-4019  1         -      -      Eth0/0/2  dynamic   0/-
5489-9813-7aa6  1         -      -      Eth0/0/3  dynamic   0/-
-------------------------------------------------
Total matching items on slot 0 displayed = 2
```

拓展学习

接口渗透是一种常见的网络攻击方式。

攻击案例：A 公司在全国很多城市都建有办事处或分支机构，这些机构与总公司的信息数据协同办公，这就要求总公司的信息化中心做出 VPN 或终端服务这样的数据共享方案，鉴于 VPN 的成本和难度相对较高，于是终端服务成为 A 公司与众分支结构的信息桥梁。但是由于技术人员的疏忽，终端服务只是采取默认的 3389 接口，于是一段时间内，基于 3389 的访问大幅增加，这其中不乏恶意接口渗透者。终于有一天终端服务器失守，Administrator 密码被非法篡改，内部数据严重流失。

解决方案：对于服务器，我们只需要保证其最基本的功能，这些基本功能并不需要太多的接口做支持，因此一些不必要的接口大可以封掉，对于 Windows，我们可以借助于组策略，对于 Linux，可以在防火墙上多下点功夫；而一些可以改变的接口，比如终端服务的 3389、Web 的 80 接口，注册表或者其他相关工具，都能够将其设置成更为个性、不易猜解的秘密接口。这样接口关闭或者改变了，那些不友好的访客自然无法进入。

习　题

1. 简述 MAC 地址表的建立过程。
2. 局域网的三种帧交换方式各自的特点是什么？
3. 交换机的某个接口是否只允许一个 MAC 地址？为什么？

项目 4 基于校园网的虚拟局域网组建

【知识目标】

（1）了解交换式以太网的缺陷。

（2）掌握 VLAN 技术的工作原理及技术特点。

（3）熟练掌握 GVRP 创建 VLAN 的命令与方法。

（4）熟练掌握交换机基于接口划分 VLAN 的配置命令及方法。

【技能目标】

（1）具备根据校园网、企业网的实际需求部署 VLAN 的能力。

（2）具备排查、解决 VLAN 部署过程中出现的问题的能力。

【素养目标】

（1）通过 VLAN 技术产生的背景培养网络安全意识。

（2）通过网络案例学习培养规范网络行为意识和法律意识。

项目描述

● 视频

基于校园网的虚拟局域网组建

校园网是典型的交换式以太网，学校信息中心应用 VLAN 技术部署校园网。校园网由一台 S5700、四台 S3700 交换机和若干计算机组成，其拓扑结构如图 4-1 所示。信息中心按照学院行政部门把校园网划分成三个 VLAN，计算机 PC11、PC12 属于学院计算机应用系，划分到同一个 VLAN，VLAN ID 为 10；计算机 PC21、PC22 属于学院软件系，划分到同一个 VLAN，VLAN ID 为 20；第三组计算机 PC31 和 PC32 属于学院通信系，划分到同一个 VLAN，VLAN ID 为 30。部署 VLAN 后同一 VLAN 内的计算机能通信，不同 VLAN 间的计算机不能直接通信。

项目 4　基于校园网的虚拟局域网组建

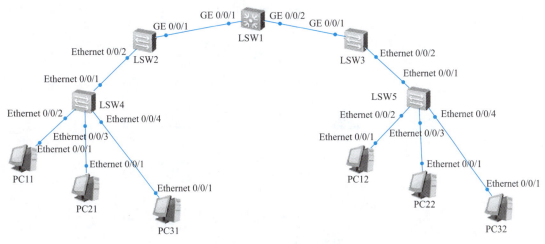

图 4-1　校园网拓扑图

知识链接

一、VLAN 简介

使用交换机作为互连设备的以太网称为交换式以太网。交换式以太网存在较多缺陷：

（1）泛洪问题，当终端计算机发送一个广播帧或未知单播帧时，该数据帧会被泛洪到整个广播域。广播帧所能到达的整个访问范围称为二层广播域，简称广播域。一个交换式网络就是一个广播域。

（2）网络安全和垃圾流量问题，在图 4-2 中，假设交换机 SW1、SW3、SW7 的 MAC 地址表中存在 PC2 的 MAC 地址表项，SW2 和 SW5 不存在 PC2 的 MAC 地址表项。如果 PC1 向 PC2 发送了一个单播帧，PC2 虽然收到了该单播帧，但 SW5 所连接的计算机也收到了不该接收的数据帧，网络中充斥着垃圾流量，存在安全问题。广播域越大，上述问题就越严重。

虚拟局域网（virtual local area network，VLAN），逻辑上把网络资源和用户按照一定的原则进行划分，把一个物理上的实际网络划分成多个小的逻辑网络，这些小的逻辑网络形成各自的广播域，也就是 VLAN。

VLAN 允许一组不限物理位置的用户群在逻辑上划分成一个局域网，一个物理网络可以划分为多个 VLAN，即可使不限物理位置的用户群属于不同的广播域。通过划分用户群、控制广播范围等方式，VLAN 技术从根本上解决网络效率与安全性等问题。在图 4-3 中，一个物理网络被划分为三个 VLAN（用不同颜色标出），广播域被划分为三个小的广播域。PC1 发送的广播帧只有与 PC1 同在蓝色区域的 PC2 接收到，其他主机接收不到，有效提升网络安全性，减少垃圾流量，节约网络资源。

VLAN 技术能让网络以更加灵活的方式对业务目标予以支持，并具有以下优点：

（1）按需划分 VLAN，组网灵活。将计算机按照需求划分到不同 VLAN，同一个 VLAN 计算机不限物理位置，网络构建和维护方便灵活。

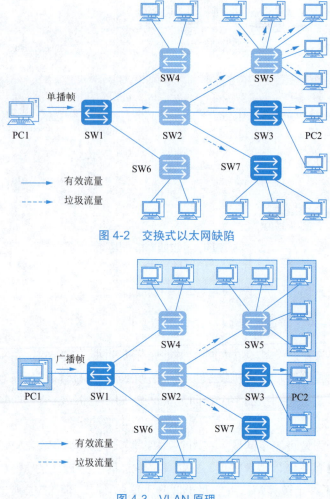

图 4-2 交换式以太网缺陷

图 4-3 VLAN 原理

（2）限制广播域，提升性能。一个 VLAN 就是一个广播域，广播域被限制在一个 VLAN 内，减少网络不必要的流量，提高了网络处理能力。

（3）VLAN 隔离，增强安全性。同一个 VLAN 计算机可以直接二层通信，不同 VLAN 内的计算机不能直接二层通信。含有敏感信息的用户组可与网络的其他部分隔离，降低泄露机密信息的可能性。

（4）简化项目管理。VLAN 将用户和网络设备聚合到一起，以支持商业需求或地域上的需求。通过职能划分，项目于管理或特殊应用的处理变得十分方便，也容易确定升级网络服务的影响范围。

二、VLAN 划分

VLAN 对广播域的划分是通过交换机软件完成的，它通过对用户分类规划自己的用户群，如按照项目组、部门或管理权限、楼层、应用等来进行 VLAN 划分。VLAN 之间通过 VLAN ID（ID 范围是 1~4 095）隔离与区分，每个 VLAN 会分配不同的 VLAN ID。VLAN 划分技术分为静态 VLAN 划分和动态 VLAN 划分。

静态 VLAN 划分也就是基于接口划分，根据交换机的接口来划分 VLAN，即可把同一交换机的接口划分到不同 VLAN，也可以把不同交换机的接口划分为同一 VLAN。这样，位于不同物理位置、连接在不同交换机上的用户按照一定的逻辑功能和安全策略进行分组，根据需要将其划分为相同或不同的 VLAN。基于接口划分是目前实际的网络应用中最为广泛的划分 VLAN 的方式，也是本书使用的 VLAN 划分方法。

基于接口划分 VLAN 有两个概念需要区分，即 VLAN ID 和 PVID（port-base VLAN ID）。VLAN ID 是虚拟局域网的 ID，用于区分不同的 VLAN；PVID 是交换机接口的 VLAN ID，交换机的每个接口都有一个 PVID，默认值是 1。在图 4-4 中，用户计算机跨交换机被划分为两个 VLAN，VLAN 用不同的 ID 进行区分，一个 VLAN 的 ID 即 VLAN ID 为 10，另一个 VLAN 的 VLAN ID 为 20；交换机 Switch 1 的接口 1、接口 2 与交换机 Switch 2 的接口 3 这三个接口属于 VLAN 10，接口的 PVID 为 10；Switch 1 的接口 3 和 Switch 2 的接口 2 这两个接口属于 VLAN 20，接口的 PVID 为 20；未加入 VLAN 的接口默认处于 VLAN 1 中，Switch 1 的接口 4 和 Switch 2 的接口 1、接口 4 默认处于 VLAN 1，PVID 的值为 1。

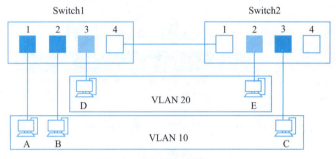

图 4-4　基于接口划分 VLAN

动态 VLAN 划分技术分为基于 MAC 地址划分、基于 IP 子网划分、基于协议划分和基于策略划分。基于 MAC 地址划分是根据数据帧的源 MAC 地址来划分 VLAN，交换机内部建立并维护 MAC 地址和 VLAN ID 映射关系表，当用户的物理位置发生改变，不需要重新配置 VLAN，提高了用户的安全性和接入的灵活性。基于 IP 子网划分是根据数据帧中的源 IP 地址和子网掩码来划分 VLAN。交换机内部建立并维护 IP 地址和 VLAN ID 映射关系表，适用于对安全需求不高、对移动性和简易管理需求较高的场景中。基于协议划分是根据数据帧所属的协议（族）类型及封装格式来划分 VLAN。交换机内部建立并维护以太网帧中的协议域和 VLAN ID 的映射关系表，将网络中提供的服务类型与 VLAN 相绑定，方便管理和维护。基于策略划分是根据配置的策略划分 VLAN，能实现多种组合的划分方式，包括接口、MAC 地址、IP 地址等，划分方式灵活，可根据管理模式或需求选择划分方式。

三、VLAN 中继

不同物理位置的用户群被划分进不同的 VLAN 后，同一 VLAN 成员接入跨越任意物理位置的多个交换机的情况非常常见。交换机如何识别接收到的数据帧属于哪个 VLAN 呢？同一 VLAN 的用户如何实现跨交换机通信呢？交换机如何区分不同 VLAN 的数据帧呢？VLAN 中继（VLAN Link）技术就是解决这个问题的有效方法。VLAN 中继是以太网交换机接口和另一个联网设备（如路由器或交换机）的以太网接口之间的点对点链路，作为交换机之间或交换机与路由器之间传输 VLAN 信息的通道，允许多个 VLAN 数据在单链路上传输。在图4-4中 Switch 1 与 Switch 2 分别通过接口4和接口1连接，接口之间形成的链路就是中继链路，从图可知，要实现 VLAN 10 或 VLAN 20 成员的内部通信，一定要通过中继链路进行信息传递。

IEEE 802.1Q 标准是被很多厂商支持的通用型 VLAN 中继技术，要使交换机识别、区分不同 VLAN 的数据帧，完成 VLAN 内部通信，需要数据帧中有识别 VLAN 信息的字段。IEEE802.1Q 协议规定在传统以太网数据帧源 MAC 地址后插入4字节的 802.1Q Tag，又称 VLAN Tag，简称 Tag。加入 Tag 的数据帧称为 IEEE 802.1Q 数据帧，也称 VLAN 数据帧，其格式如图4-5所示。802.1Q Tag 中 VID 字段包含 VLAN ID 信息，用于唯一标识帧所属的 VLAN。交换机根据 Tag 中的 VID 识别出这个帧属于 VLAN，以此区分不同 VLAN 的数据帧。

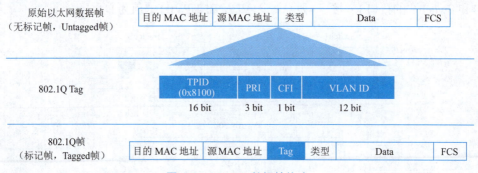

图 4-5　802.1Q 数据帧格式

VLAN 数据帧中主要字段含义：

- 标签协议标识符 TPID（tag protocol identifier）：16 bit，表示数据帧类型。取值为 0x8100时表示此数据帧是 IEEE 802.1Q 的 VLAN数据帧。如果不支持 802.1Q 的设备收到这样的帧，会将其丢弃。该字段的值可由各设备厂商自定义，当设备的 TPID 值配置为非0x8100时，需要将与之连接的设备上的 TPID 值配置一致才能够实现互通。
- 优先级 PRI（Priority）：3 bit，表示数据帧的优先级，用于服务质量 QoS（quality of service）。取值范围为0～7，值越大优先级越高。当网络阻塞时，交换机优先发送优先级高的数据帧。
- 标准格式指示位 CFI（canonical format indicator）：1 bit，表示 MAC 地址在不同的传输介质中是否以标准格式进行封装，用于兼容以太网和令牌环网，CFI 取值为0表示 MAC 地址以标准格式进行封装，为1表示以非标准格式封装。在以太网中，CFI 的值为0。
- 虚拟局网标识 VLAN ID（VLAN Identified）：12 bit，VLAN ID 表示该数据帧所属 VLAN 的编号。VLAN ID 取值范围为0～4 095。由于0和4 095为协议保留取值，所以 VLAN ID 的有效取值范围是1～4 094。交换机利用 VLAN 标签中的 VLAN ID 来识别数据帧所属的 VLAN，广播帧只在同一 VLAN 内转发，这就将广播域限制在一个 VLAN 内。

802.1Q 定义 VLAN 帧后，在 VLAN 交换网络中以太网的帧有两种格式：未加上 VLAN Tag 的未标记帧，即 Ungtagged 帧；加上 VLAN Tag 的有标记帧，即 Tagged 帧。

下面通过一个例子说明 802.1Q 中继技术对 VLAN 数据的识别、区分和跨交换机传递。在图 4-6 中，Switch 1 与 Switch 2 通过接口 4 和接口 1 相连，接口之间的连接链路就是中继链路。VLAN 的划分对用户而言是透明的，从用户计算机 B 发出的到计算机 C 的数据帧，从用户计算机 D 发出的到计算机 E 的数据帧是不带 VLAN 信息的。当数据帧到达交换机接口后，会在接口处插入 VLAN ID 为 PVID 的 Tag，此时，从 B 发往 C 的数据帧的 VLAN ID 为 10，从 D 发往 E 的数据帧的 VLAN ID 为 20。打上 Tag 的数据帧通过接口 4 发送到中继链路，来自两个 VLAN 的数据帧通过中继链路传递到另外一台交换机 Switch 2 的接口 1，实现跨交换机 VLAN 数据的传送。

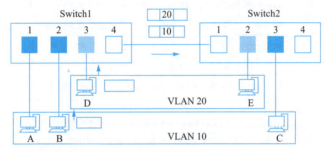

图 4-6 数据帧传递过程

四、交换机接口

基于接口划分 VLAN 后，交换机各接口对数据帧的处理方式不再一样，交换机接口属性发生变化，交换机接口分为 Access 接口、Trunk 接口和 Hybrid 接口。Access 接口是交换机上用来连接计算机、服务器等终端设备接口，Trunk 接口是交换机与交换机或交换机与路由器相连接的物理接口，Hybrid 接口是一种混合接口，同时具备 Access 和 Trunk 的两种功能，华为设备默认的接口类型是 Hybrid。

交换机接口如图 4-7 所示。

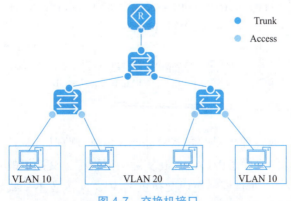

图 4-7 交换机接口

Access 接口连接接入链路，只能加入一个 VLAN，Access 接口的 PVID 值与 VLAN ID 值相同。表 4-1 给出 Access 接口收发数据帧的规则。

表 4-1 Access 接口数据处理

接收	Untagged 帧	Untagged 帧打上 VLAN ID 为 PVID 的 Tag
	Tagged 帧	检查 Tagged 帧中的 VLAN ID 是否与 PVID 相同：如果相同，则转发 Tagged 帧；如果不同，则直接丢弃 Tagged 帧
发送	Tagged 帧	检查 Tagged 帧的 VLAN ID 是否与 PVID 相同：如果相同，则剥离 Tag 转发出去；如果不同，则直接丢弃 Tagged 帧

Trunk 接口连接中继链路。Trunk 接口除了要配置 PVID 外，还必须配置允许通过 VLAN ID 列表，其中 VLAN 1 是默认存在列表中。Trunk 接口可以允许多个 VLAN 的帧带 Tag 通过。表 4-2 给出 Trunk 接口处理数据的方式。

表 4-2 Trunk 接口数据处理

接收	Untagged 帧	Untagged 帧打上 VLAN ID 为 PVID 的 Tag，并查看 PVID 是否在允许通过的 VLAN ID 列表中：如果在，转发 Tagged 帧；如果不在，则直接丢弃 Tagged 帧
	Tagged 帧	检查 Tagged 帧的 VLAN ID 是否在允许通过的 VLAN ID 列表中：如果在，则转发 Tagged 帧；如果不在，则直接丢弃这个 Tagged 帧
发送	Tagged 帧	如果 Tagged 帧的 Tag 中的 VLAN ID 不在允许通过的 VLAN ID 列表中，则该 Tagged 帧会被直接丢弃。 如果 Tagged 帧的 Tag 中的 VLAN ID 在允许通过的 VLAN ID 列表中，则会比较该 Tag 中的 VLAN ID 是否与接口的 PVID 相同：如果相同，剥离 Tag 并发送出去；如果不同，则不剥离 Tag 直接将它发送出去

Hybrid 接口存在两张允许通过的 VLAN ID 列表，即 Untagged VLAN ID 列表和 Tagged VLAN ID 列表，其中 VLAN 1 默认在 Untagged VLAN 列表中。表 4-3 给出 Hybrid 接口处理数据的方式。

表 4-3 Hybrid 接口处理数据方式

接收	Untagged 帧	Untagged 帧打上 VLAN ID 为 PVID 的 Tag，并查看 PVID 是否在 Untagged 或 Tagged VLAN ID 列表中。如果在，则转发打上 Tag 的数据帧；如果不在，则直接丢弃打上 Tag 的数据帧
	Tagged 帧	检查 Tagged 帧的 Tag 中的 VLAN ID 是否在 Untagged 或 Tagged VLAN ID 列表中。如果在，则转发 Tagged 帧；如果不在，则直接丢弃 Tagged 帧
发送	Tagged 帧	如果 Tagged 帧的 Tag 中的 VLAN ID 既不在 Untagged VLAN ID 列表中，也不在 Tagged VLAN ID 列表中，则该 Tagged 帧会被直接丢弃。 如果 Tagged 帧的 Tag 中的 VLAN ID 在 Untagged VLAN ID 列表中，则 Tagged 帧的 Tag 会被剥离，然后把剥离 Tag 的 Untagged 帧发送出去。 如果 Tagged 帧的 Tag 中的 VLAN ID 在 Tagged VLAN ID 列表中，则将 Tagged 帧直接发送出去

五、GVRP 技术

按照项目组、部门或管理权限对局域网进行 VLAN 规划后，可以根据 VLAN 规划在交换机上使用命令手动创建静态 VLAN。在实际的网络中，交换机的数量多，手动配置静态 VLAN 工作量非常大，而且容易造成交换机上 VLAN 配置不一致导致网络不通。为了解决上述问题，华为公司开发了一种能帮助网络管理员自动完成 VLAN 创建、删除和同步等工作的技术，即通用虚拟局域网注册协议（generic vlan registration protocol，GVRP）。

GVRP 是 GARP（generic attribute registration protocol，通用属性注册协议）在 VLAN

领域的具体应用，它提供 802.1Q 兼容的 VLAN 裁剪（VLAN pruning）技术和在 802.1Q Trunk 接口上动态创建、管理 VLAN 的功能。交换机启动 GVRP 功能后，能够接收来自其他交换机的 VLAN 注册信息，并动态更新本机的 VLAN 注册信息；而且交换机能够将本机的 VLAN 注册信息向其他交换机传播，以便使同一局域网内所有设备的 VLAN 信息达成一致。GVRP 传播的 VLAN 注册信息既包括本地手工配置的静态注册信息，也包括来自其他设备的动态注册信息。

GVRP 有 Normal、Fixed 和 Forbidden 三种注册模式，不同的模式对静态 VLAN 和动态 VLAN 的处理方式不同。

- Normal 模式：允许该接口动态 VLAN 注册或注销，会发送静态 VLAN 和动态 VLAN 信息，接口默认 Normal 模式。
- Fixed 模式：禁止该接口动态 VLAN 注册或注销，只发送静态 VLAN 信息。
- Forbidden 模式：禁止该接口动态 VLAN 注册或注销，只发送 VLAN 1 信息。

配置 GVRP 时特别需要注意的如下事项：

（1）GVRP VLAN 注册信息必须靠 Trunk 接口传递，配置 GVRP 时需要先配置好 Trunk 接口且必须允许相应 VLAN 或全部 VLAN 通过，然后在交换机上配置全局使能 GVRP 功能，并在 Trunk 接口使能接口 GVRP 功能。

（2）由于 GVRP 单向注册特性，GVRP 的 VLAN 注册信息会在接收接口学习，并将接口加入 VLAN，但是转发 VLAN 注册信息的接口并没有加入 VLAN，即 VLAN 信息在使能 GVRP 的交换机上同步，但是只有接收 GVRP VLAN 注册信息的接口才会加入 VLAN。

（3）接入交换机连接 PC 终端的 Access 接口不允许直接划入动态 VLAN 里面，必须手动静态创建该 VLAN，然后将接口划入该 VLAN。手动创建 VLAN 后动态 VLAN 会自动变成优先级更高的静态 VLAN。

交换机 VLAN 配置常用命令

1. 创建 VLAN 命令

（1）创建单个 VLAN

```
vlan vlan-id
```

例如：vlan 100 创建 VLAN ID 为 100 的 VLAN。

（2）批量创建 VLAN

```
vlan batch { vlan-id1 [ to vlan-id2 ] }
```

例如：vlan batch 100 to 200 创建 VLAN ID 从 100～200 的共 101 个 VLAN。

2. 接口类型配置命令

```
port link-type { access | trunk | hybrid }
```

3. 接口 PVID 配置命令

（1）配置 Access 接口 PVID

```
port default vlan vlan-id
```

（2）配置 Trunk 接口 PVID

`port trunk pvid vlan` *vlan-id*

（3）配置 Hybrid 接口 PVID

`port hybrid pvid vlan` *vlan-id*

4. 接口允许通过 VLAN ID 列表创建命令

（1）配置 Trunk 接口允许通过的 VLAN 列表

`port trunk allow-pass vlan { {` *vlan-id1* `[ to` *vlan-id2* `] }| all }`

（2）配置 Hybrid 接口 Untagged VLAN 列表

`port hybrid untagged vlan { {` *vlan-id1* `[ to` *vlan-id2* `] }| all }`

（3）配置 Hybrid 接口 Tagged VLAN 列表

`port hybrid tagged vlan { {` *vlan-id1* `[ to` *vlan-id2* `] }| all }`

5. GVRP 配置命令

（1）全局使能 gvrp

`gvrp`

（2）接口使能 gvrp

`gvrp registration { fixed | forbidden | normal }`

项目设计

校园网的 VLAN 部署由四部分组成：第一部分是搭建项目环境，配置终端计算机的 IP 地址并检测网络连通性；第二部分是基于 GVRP 创建 VLAN，所有局域网的交换机启用 GVRP，在与终端相连的接入交换机 LSW4 和 LSW5 手动创建 VLAN，VLAN 注册信息会迅速传播到整个交换网络，在交换机上形成统一的 VLAN 配置；第三部分是基于接口划分 VLAN，把交换机 LSW4 和 LSW5 与终端相连的接口划进所属 VLAN；第四部分是项目实施结果验证，同一 VLAN 计算机能通信，不同 VLAN 计算机不能直接通信。

为了便于理解和验证交换机 VLAN 的功能，处于不同 VLAN 的计算机，即使使用相同网段的 IP 地址也不能通信。因此，这里设计校园网所有主机的 IP 地址都使用 192.168.1.0/24 中的地址。表4-4 给出了每台计算机的详细设计参数。

表4-4　计算机的详细设计参数

计算机名	IP 地址	VLAN ID
PC11	192.168.1.11/24	10
PC12	192.168.1.12/24	10
PC21	192.168.1.21/24	20
PC22	192.168.1.22/24	20
PC31	192.168.1.31/24	30
PC32	192.168.1.32/24	30

项目实施与验证

校园网部署 VLAN 的配置思路流程图如图 4-8 所示。

图 4-8　VLAN 配置思路流程图

一、搭建项目环境

配置计算机 IP 地址：

在 eNSP 中双击计算机 PC11，打开的对话框如图 4-9 所示，配置 PC11 的 IP 地址、子网掩码，配置完成后单击"应用"按钮保存设置。按照同样的方法，分别配置好表 4-4 中的其他计算机的 IP 地址和子网掩码。在配置完所有计算机的 IP 地址后，测试网络连通性，验证 IP 地址配置是否正确。图 4-10 显示计算机 PC11 分别 ping 计算机 PC22 和 PC32 的情况，结果表明 PC11 能 ping 通计算机 PC22 和计算机 PC32 计算机，网络连通。

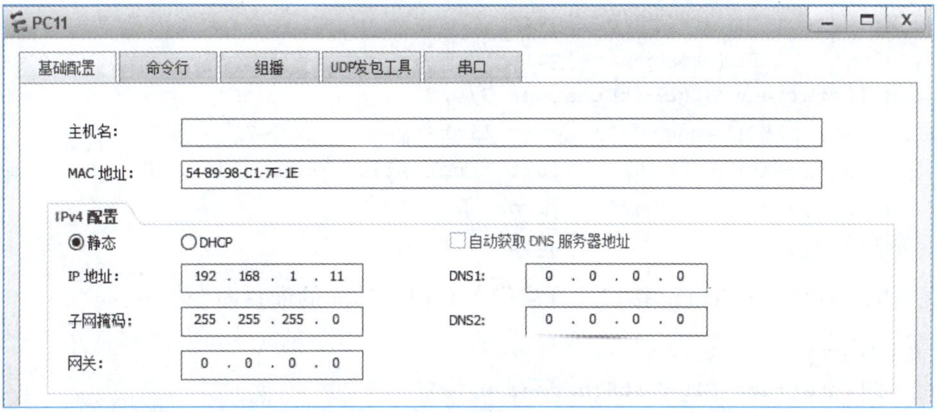

图 4-9　配置 PC11 的 IP 地址

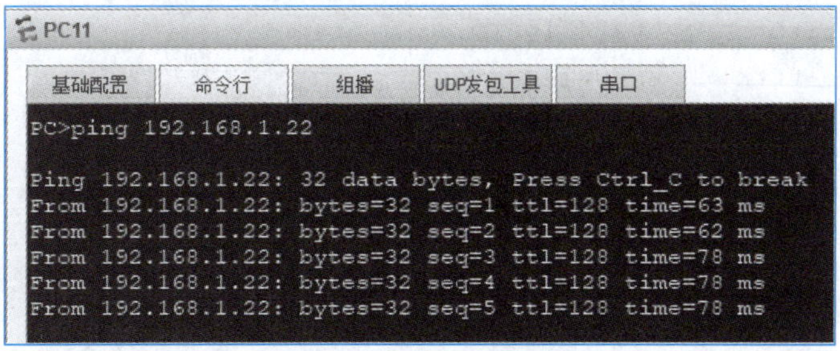

图 4-10　网络连通性检测

图 4-10　网络连通性检测（续）

二、配置 GVRP 创建 VLAN

1. 配置 Trunk 口并开启交换机 GVRP 功能

在所有交换机上配置 Trunk 接口并开启设备 GVRP 功能，下面以交换机 LSW1 为例介绍配置 Trunk 接口并开启交换机 GVRP 功能的流程。首先使能交换机 LSW1 全局 GVRP 功能，然后确定交换机 LSW1 的 Trunk 接口并允许相应 VLAN 或全部 VLAN 通过：交换机 LSW1 接口 GE 0/0/1 和 GE 0/0/2 分别与交换机 LSW2 和 LSW3 相连接，是 Trunk 口，设置 Trunk 接口允许所有 VLAN ID 通过，最后在 Trunk 接口上使能接口 GVRP 功能完成配置。LSW1 配置命令如下：

```
[LSW1]gvrp                                            //使能全局 GVRP 功能
[LSW1]interface GigabitEthernet 0/0/1
[LSW1-GigabitEthernet0/0/1]port link-type trunk
[LSW1-GigabitEthernet0/0/1]port trunk allow-pass vlan all
[LSW1-GigabitEthernet0/0/1]gvrp                       //使能接口 GVRP 功能
[LSW1-GigabitEthernet0/0/1]quit
[LSW1]interface GigabitEthernet 0/0/2
[LSW1-GigabitEthernet0/0/2]port link-type trunk
[LSW1-GigabitEthernet0/0/2]port trunk allow-pass vlan all
[LSW1-GigabitEthernet0/0/2]gvrp
[LSW1-GigabitEthernet0/0/2]quit
```

交换机 LSW2 配置 Trunk 接口并开启设备 GVRP 功能的配置命令如下：

```
[LSW2]gvrp
[LSW2]interface GigabitEthernet 0/0/1
[LSW2-GigabitEthernet0/0/1]port link-type trunk
[LSW2-GigabitEthernet0/0/1]port trunk allow-pass vlan all
[LSW2-GigabitEthernet0/0/1]gvrp
[LSW2-GigabitEthernet0/0/1]quit
[LSW2]interface Ethernet 0/0/2
[LSW2-Ethernet0/0/2]port link-type trunk
[LSW2-Ethernet0/0/2]port trunk allow-pass vlan all
[LSW2-Ethernet0/0/2]gvrp
[LSW2-Ethernet0/0/2]quit
```

交换机 LSW3 和 LSW2 所接接口一样，其配置 Trunk 接口并开启设备 GVRP 功能的配置命令与 LSW2 一样，这里不再赘述。

交换机 LSW4 配置 Trunk 接口并开启设备 GVRP 功能的配置命令如下：

```
[LSW4]gvrp
[LSW4]interface Ethernet 0/0/1
[LSW4-Ethernet0/0/1]port link-type trunk
[LSW4-Ethernet0/0/1]port trunk allow-pass vlan all
[LSW4-Ethernet0/0/1]gvrp
[LSW4-Ethernet0/0/1]quit
```

LSW5 和 LSW4 所接接口一样，其配置 Trunk 接口并开启设备 GVRP 功能的配置命令与 LSW4 一样，这里不再赘述。

2. 接入交换机 LSW4 和 LSW5，手动创建静态 VLAN

接入交换机 LSW4 和 LSW5，批量创建 VLAN，VLAN ID 为 10、20、30。

LSW4 上批量创建 VLAN 命令：

```
[LSW4]vlan batch 10 20 30
```

LSW5 上批量创建 VLAN 命令：

```
[LSW5]vlan batch 10 20 30
```

3. VLAN 信息查看

VLAN 创建信息使用 display vlan 命令查看。LSW4 的 VLAN 信息查询结果如下所示：

```
[LSW4]display vlan
The total number of vlans is : 4
--------------------------------------------------------
VID  Type     Ports
--------------------------------------------------------
1    common   UT:Eth0/0/1(D)    Eth0/0/2(D)    Eth0/0/3(D)    Eth0/0/4(D)
              Eth0/0/5(D)       Eth0/0/6(D)    Eth0/0/7(D)    Eth0/0/8(D)
              Eth0/0/9(D)       Eth0/0/10(D)   Eth0/0/11(D)   Eth0/0/12(D)
              Eth0/0/13(D)      Eth0/0/14(D)   Eth0/0/15(D)   Eth0/0/16(D)
              Eth0/0/17(D)      Eth0/0/18(D)   Eth0/0/19(D)   Eth0/0/20(D)
              Eth0/0/21(D)      Eth0/0/22(D)   GE0/0/1(D)     GE0/0/2(D)

10   common
20   common
30   common
```

从查询结果可知创建出三个类型为 common 的静态 VLAN。

LSW5 的 VLAN 信息查询结果与 LSW4 一致，不再列出 LSW5 查询结果。

交换机 LSW2 的 VLAN 信息查询结果如下所示：

```
[LSW2]display vlan
The total number of vlans is : 4
--------------------------------------------------------
VID  Type     Ports
--------------------------------------------------------
```

```
 1    common   UT:Eth0/0/1(D)    Eth0/0/2(U)     Eth0/0/3(D)     Eth0/0/4(D)
                 Eth0/0/5(D)     Eth0/0/6(D)     Eth0/0/7(D)     Eth0/0/8(D)
                 Eth0/0/9(D)     Eth0/0/10(D)    Eth0/0/11(D)    Eth0/0/12(D)
                 Eth0/0/13(D)    Eth0/0/14(D)    Eth0/0/15(D)    Eth0/0/16(D)
                 Eth0/0/17(D)    Eth0/0/18(D)    Eth0/0/19(D)    Eth0/0/20(D)
                 Eth0/0/21(D)    Eth0/0/22(D)    GE0/0/1(U)      GE0/0/2(D)
10    dynamic  TG:Eth0/0/2(U)    GE0/0/1(U)
20    dynamic  TG:Eth0/0/2(U)    GE0/0/1(U)
30    dynamic  TG:Eth0/0/2(U)    GE0/0/1(U)
```

从查询结果可知，交换机 LSW2 学习到了三个类型为 dynamic 的动态 VLAN，其动态 VLAN 信息由接入交换机学习到，特别要关注查询结果 LSW2 的 Trunk 接口是否都已经加入动态 VLAN 中，如果 Trunk 接口 GE0/0/1 未加入 VLAN 10，那么 Tag 中 VLAN ID 为 10 的 VLAN 数据帧则不能通过该接口，即使该接口已经配置成允许所有 VLAN 通过。

LSW1、LSW3 的 VLAN 查询结果与 LSW2 一致，此处不再列出。由查询结果可知，网络里所有交换机 VLAN 信息一致。

三、基于接口划分 VLAN

接入交换机 LSW4 和 LSW5 接口 Ethernet 0/0/2、Ethernet 0/0/3 和 Ethernet 0/0/4 与计算机相连，是 Access 接口，并把接口加入对应的 VLAN，其配置命令如下：

```
[LSW4] interface Ethernet 0/0/2
[LSW4-Ethernet0/0/2]port link-type access
[LSW4-Ethernet0/0/2]port default vlan 10
[LSW4-Ethernet0/0/2]interface Ethernet 0/0/3
[LSW4-Ethernet0/0/3]port link-type access
[LSW4-Ethernet0/0/3]port default vlan 20
[LSW4-Ethernet0/0/3]interface Ethernet 0/0/4
[LSW4-Ethernet0/0/4]port link-type access
[LSW4-Ethernet0/0/4]port default vlan 30
[LSW4-Ethernet0/0/4]quit
```

LSW5 和 LSW4 所接计算机接口一样，划分的 VLAN 也一样，这里不再赘述。

四、结果验证

完成上述配置后，计算机按照项目设计划分到不同的 VLAN 中。图 4-11 显示网络连通

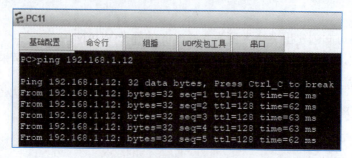

（a）同一 VLAN 的计算机能 ping 通

图 4-11　网络连通性检测

项目 4　基于校园网的虚拟局域网组建

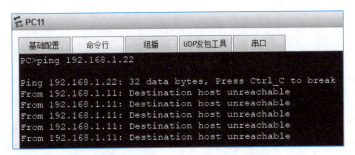

（b）不同 VLAN 的计算机不能 ping 通

图 4-11　网络连通性检测（续）

性检测结果，相同 VLAN 中的计算机 PC11、PC12 之间正常通信，不同 VLAN 中的计算机 PC11、PC22，即使使用相同网段的 IP 地址也不能通信，必须使用三层网络设备才能实现不同 VLAN 间的主机通信，相关内容将在 VLAN 间的通信和路由器部分进行介绍。

拓展学习

　　通过校园网部署 VLAN 案例的学习，了解了 VLAN 技术产生的背景和作用，掌握了基于 GVRP 技术创建 VLAN 和基于接口划分 VLAN 的 VLAN 配置命令与配置方法，具备了根据企业、学校实际网络需求部署 VLAN 的能力。

　　我们学习网络知识，目标是成为确保网络安全的主力军，而不是无视法律法规，攻击网络安全漏洞，以之牟利：来自辽宁、福建的两名大学生闵某和叶某某入侵沈阳某高校的教学管理系统，更改学生成绩；以一名大学生为首的 9 人制贩假证团伙，先后入侵全国数省市多个网站，修改相关数据 200 余个；某高中生攻击某大学校园网，致使多台计算机系统损坏、网站远程教学和招生等功能瘫痪等。网络不是法外之地，最终等待他们的是法律的严惩。

　　在校园网、企业网攻击案例中，VLAN 跳跃攻击是常用的攻击手段。攻击者伪装成交换机发起虚假的 DTP（dynamic trunk protocol）协商消息，与网络中的交换机形成中继链路，通过中继链路访问所有的 VLAN；或者攻击者发送双重 Tag 的数据帧，把攻击流量发送给特定 VLAN。结合 VLAN 跳跃攻击原理和所学 VLAN 知识，可以制定有效的安全防范策略：所有未使用的接口配置成 Access 类型，并把它们划入同一个 VLAN 中；Trunk 接口的 PVID 不使用默认值 1，PVID 配置成不包含任何用户 VLAN ID 的值。

　　在网络日益盛行的今天，需要依法使用网络资源，规范网络行为，增强法律意识，认识到违法的严重后果，在日常学习生活中学法、用法、守法，牢守法治底线，将自己所学投入到网络安全建设中，在网络攻防这个没有硝烟的战场上发挥自己的力量。

法条链接

　　《中华人民共和国刑法》第二百八十六条规定："违反国家规定，对计算机信息系统功能进行删除、修改、增加、干扰，造成计算机信息系统不能正常运行，后果严重的，处五年以下有期徒刑或者拘役；后果特别严重的，处五年以上有期徒刑。"

习 题

1. 使用命令 vlan batch 10 20 和 vlan batch 10 to 20 分别能创建的 VLAN 数量是（　　）。
   A. 11 和 2　　　　　B. 11 和 11　　　　C. 2 和 2　　　　D. 2 和 11

2. 下列关于 Trunk 接口与 Access 接口描述正确的是（　　）。
   A. Access 接口只能发送 tagged 帧　　　B. Access 接口只能发送 untagged 帧
   C. Trunk 接口只能发送 tagged 帧　　　D. Trunk 接口只能发送 untagged 帧

3. Access 类型的接口在发送报文时，会（　　）。
   A. 发送 Tag 的报文
   B. 打上本接口的 PVID 信息，再发送出去
   C. 添加报文的 VLAN 信息，再发送出去
   D. 剥离报文的 VLAN 信息，再发送出去

4. 根据下图，完成 VLAN 划分及接口配置，使得同一个 VLAN 的计算机能通信，不同 VLAN 的计算机不能通信。

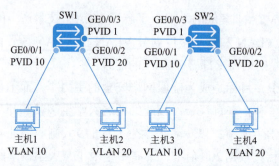

5. 某企业的交换机连接有很多用户，且不同部门的用户都需要访问公司服务器，其拓扑图如下图所示。但是为了通信的安全性，企业希望不同部门的用户不能直接访问。可以在交换机上配置基于接口划分 VLAN，使得不同部门的用户不能直接进行二层通信，但都可以直接访问公司服务器，请完成相应配置。

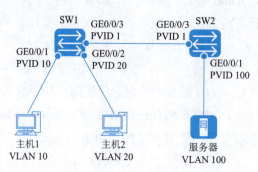

项目 5

基于校园网的虚拟局域网 VLAN 间通信

【知识目标】

(1) 掌握三层交换机的工作原理。

(2) 理解二层接口与三层接口的区别。

(3) 掌握三层交换机实现 VLAN 间通信的原理。

【技能目标】

(1) 熟练掌握三层交换机 VLAN 的配置方法与命令。

(2) 熟练掌握三层交换机实现 VLAN 间通信的步骤与命令。

【素养目标】

通过三层交换机实现 VLAN 间通信的特性,引出通信人在各种灾害前承担连通网络的责任担当,培养职业道德和献精神。

项目描述

在学校信息中心部署校园网时,已经按照职能部门划分 VLAN,使得属于不同 VLAN 的网络无法互访,但是不同的部门 VLAN 之间又存在着相互访问的需求,因此学校信息中心拟采用三层交换机 S5700 实现 VLAN 互通,并且在原有的网络拓扑图 4-1 上增加服务器组,并把服务器划分在同一 VLAN。服务器组由两台服务器组成,一台提供 DNS 和 Web 服务,一台提供 FTP 服务,它们直接接到三层交换机 S5700 上;同时为了验证 HTTP 功能,把计算机 P32 用 HTTP Client 客户端代替,其网络拓扑图如图 5-1 所示。该校园网需要实现所有的计算机能用域名访问 Web 网站和把文件传输到 FTP 服务器,并且不同 VLAN 之间的计算机能相互通信。

基于校园网的
虚拟局域网
VLAN间通信

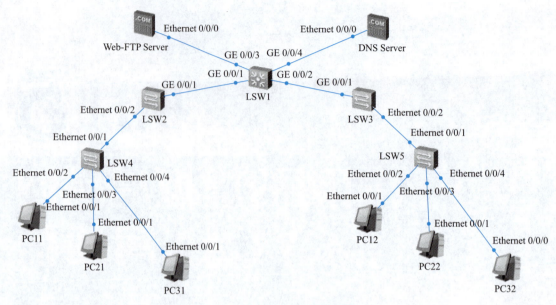

图 5-1　校园网网络拓扑结构图

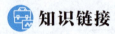 知识链接

一、三层交换机基础知识

三层交换机是指具备三层路由功能的交换机，其接口可以实现基于三层寻址的分组转发，每个三层接口都定义了一个单独的广播域。在接口配置好 IP 地址后，该接口就成为与该接口在同一个广播域内其他设备主机的网关。

从硬件上看，二层交换机的接口模块是通过高速背板/总线交换数据的。在三层交换机中，与路由器有关的第三层路由硬件模块也插接在高速背板/总线上。这种方式使得路由模块可以与需要路由的其他模块间高速地交换数据，从而突破了传统的外接路由器接口速率的限制。

在软件方面，三层交换机也有重大的举措。它将传统的基于软件的路由器软件进行了界定，其做法是对于数据包的转发，如 IP/IPX 包的转发，通过硬件高速实现。对于需要路由模块处理的信息，如路由信息更新、路由表维护、路由计算、路由确定等功能，通过优化、高效的软件实现。

优化的路由软件使得路由过程效率提高，除了必要的路由决定过程外，大部分数据转发过程由二层交换模块处理，多个子网互联时，只是与三层交换模块的逻辑连接，不像传统的外接路由器那样需增加接口，节省了用户的投资。

三层交换机的最重要目的是加快大型局域网内部的数据交换，糅合进去的路由功能也是为这目的服务的，所以它的路由功能没有同一档次的专业路由器强。在网络流量很大，但又要求响应速度很高的情况下，可以由三层交换机作网内的交换，由路由器专门负责网间的路由工作。这样可以充分发挥不同设备的优势，是一个很好的配合。

本书以华为 QuidwayS5700 系列（以下简称 S5700）S5700-28C-HI 交换机的配置为例进行介绍。S5700 系列交换机是华为公司为满足大带宽接入和以太网多业务汇聚而推出的新一代绿色节能的全千兆高性能以太网交换机。它基于新一代高性能硬件和华为公司统一的 VRP（versatile routing platform）平台，具备大容量、高密度千兆接口，可提供万兆上行，充分满足客户对高密度千兆和万兆上行设备的需求，同时针对企业网用户的园区网接入、汇聚、IDC 千兆接入以及千兆到桌面等多种应用场景，融合了可靠、安全、绿色环保等先进技术，采用简单便利的安装维护手段，帮助客户减轻网络规划、建设和维护的压力，助力企业搭建面向未来的 IT 网络。

S5700 系列以太网交换机为盒式设备，提供标准型（SI）和增强型（EI）两种产品版本。标准型支持二层和基本的三层功能，增强型支持复杂的路由协议和更为丰富的业务特性。表 5-1 列出了 S5700-28C-HI 交换机的主要技术参数。

表 5-1 S5700-28C-HI 交换机的技术参数

交换机型号	S5700-28C-HI		
接口	24 个 10/100/1000Base-T，上行支持 4×1000Base-X SFP，2×10GE SFP+，4×10GE SFP+插卡	交换容量	256 Gbit/s
		转发性能	96 Mpps
		SDRAM	512 MB
		FLASH	64 MB
MAC 地址	32K	VLAN 数目	4 094
IP 路由	静态路由；三层动态路由	VLANIF 数目	1 024
产品亮点	支持 Multi-VPN-Instance CE（MCE）功能，实现了不同 VPN 用户在同一台设备上的隔离，有效解决用户数据安全问题和降低用户投资成本。 支持 IGMP v1/v2/v3 Snooping、IGMP Filter、IGMP Fast Leave 和 IGMP Proxy 等协议。支持 MPLS 和 VLL 功能，可作为高质量企业专线接入设备，是业界为数不多的高性价比盒式 MPLS 交换机。 支持传统的 STP/RSTP/MSTP 生成树协议，还支持 SmartLink 和 RRPP（rapid ring protection protocol），以及快速环网保护协议等增强型以太技术。 支持 Enhanced Trunk（E-Trunk）功能。支持智能以太保护 SEP（smart ethernet protection），提供 50 ms 的快速业务倒换性能，保证业务不中断。 支持集中式 MAC 地址认证和 802.1x 认证，支持用户账号、IP、MAC、VLAN、接口、客户端是否安装病毒防范等用户标识元素的动态或静态绑定，同时实现用户策略（VLAN、QoS、ACL）的动态下发。 硬件支持 IPv4/IPv6 双栈和 IPv6 over IPv4 隧道，三层线速转发		

二、VLAN 间通信基础知识

虚拟局域网技术 VLAN 的提出，满足了二层组网隔离广播域需求，使得属于不同 VLAN 的网络无法互访，但不同 VLAN 之间又存在着相互访问的需求。为了实现 VLAN 间的互访，需要借助三层转发设备路由器、三层交换机、防火墙等。三层交换机除了具备二层交换机的功能，还支持通过三层接口如 VLANIF（virtual local area network interface）接口实现路由转发功能。

华为三层交换机提供 VALNIF 接口配置方案实现 VLAN 间通信。VLANIF 接口是一种三层的逻辑接口，支持 VLAN Tag 的剥离和添加，VLANIF 接口号与所对应的 VLAN ID 相同，如图 5-2 所示，VLAN 10 对应 VLANIF 10，VLAN 20 对应 VLANIF 20。

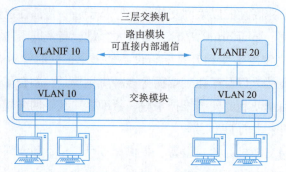

图 5-2 VLANIF 接口

VLAN 间通信常用配置命令

1. 配置 VLANIF 接口

```
interface vlanif vlan-id
```

此命令用来创建 VLANIF 接口并进入到 VLANIF 接口视图。vlan-id 表示与 VLANIF 接口相关联的 VLAN ID。

2. 配置 VLANIF 接口 IP 地址

```
ip address ip
```

此命令为 VLANIF 接口配置 IP 地址，VLANIF 接口的 IP 地址作为主机的网关 IP 地址，和主机的 IP 地址必须位于同一网段。

项目设计

基于校园网的 VLAN 间通信实现由五部分组成：第一部分是搭建项目环境，配置终端计算机的 IP 地址、FTP 服务、DNS 服务和 Web 服务；第二部分是基于 GVRP 创建 VLAN，所有局域网的交换机启用 GVRP，在与终端相连的接入交换机 LSW1、LSW4 和 LSW5 手动创建静态 VLAN；第三部分是基于接口划分 VLAN，把接入交换机 LSW1、LSW4 和 LSW5 与终端相连的接口划进所属 VLAN；第四部分配置 VLANIF 接口，实现不同 VLAN 间通信；第五部分是项目实施结果验证，同一 VLAN 内部计算机能互相 ping 同，不同 VLAN 间计算机能通过三层交换机通信。

表 5-2 列出了每台计算机的详细设计参数。其中 Web 服务器的域名为 www.sziit.edu.cn。需要指出的是，这里按照校园网 VLAN 实际 IP 地址设计应用原则，每个 VLAN 单独使用一个网段。

表 5-2 计算机的详细设计参数

计算机名	IP 地址	VLAN ID	网关
PC11	192.168.10.11/24	10	192.168.10.254/24
PC12	192.168.10.12/24	10	192.168.10.254/24
PC21	192.168.20.21/24	20	192.168.20.254/24
PC22	192.168.20.22/24	20	192.168.20.254/24

续表

计算机名	IP 地址	VLAN ID	网 关
PC31	192.168.30.31/24	30	192.168.30.254/24
PC32	192.168.30.32/24	30	192.168.30.254/24
DNS Server	192.168.40.1/24	40	192.168.40.254/24
Web-FTP Server	192.168.40.2/24	40	192.168.40.254/24

项目实施与验证

校园网的 VLAN 间通信的配置思路流程图如图 5-3 所示。

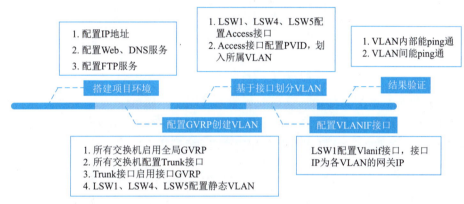

图 5-3　VLAN 间通信配置思路流程图

一、搭建项目环境

1. 配置 IP 地址

在 eNSP 中双击计算机 PC11，打开对话框如图 5-4 所示，配置 PC11 的 IP 地址、子网掩码、网关和 DNS 服务器 IP 地址，配置完成后单击"应用"按钮保存设置。按照同样的方法，分别配置好表 5-2 所示网络中的其他计算机的 IP 地址信息。注意不要遗漏配置网关和 DNS IP 地址。

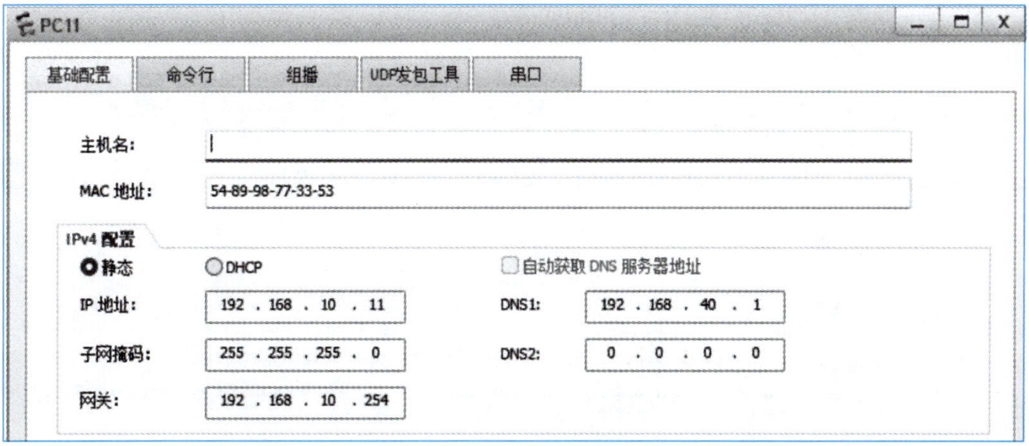

图 5-4　配置 PC11 的 IP 地址

2. 配置 Web 服务

双击选择 Web-FTP Server，进入基础配置界面。根据表5-2所示 IP 地址规划，设置 Web-FTP Server IP 地址、子网掩码、网关和 DNS IP 地址，配置完成后单击"应用"按钮保存设置。Web-FTP Server 基础配置如图5-5所示。

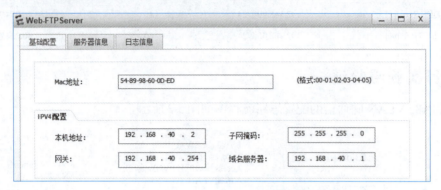

图 5-5　Web-FTP Server IP 地址配置

在 Web-FTP Server 配置界面，选择服务器信息，选择 HttpServer，在物理主机上新建一个文件夹，此处是在桌面建立名为 http 服务器文件夹，存放 html 文件，单击"确定"按钮，再单击"启动"按钮，完成 Web 服务配置，具体配置如图5-6所示。

图 5-6　HTTP Server 服务配置

3. 配置 DNS 服务

双击选择 DNS Server，进入基础配置界面，根据表5-2所示 IP 地址规划，设置 DNS Server IP 地址、子网掩码和网关，配置完成后单击"应用"按钮保存设置。DNS Server 基础配置如图5-7所示。

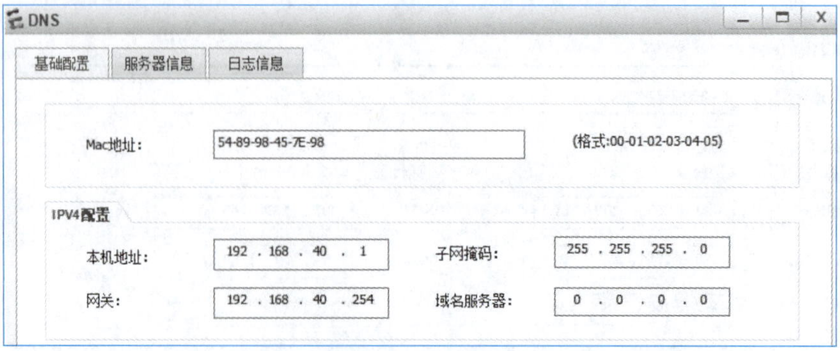

图 5-7　DNS Server IP 地址配置

在 DNS Server 配置界面，选择服务器信息，选择DNSServer，添加Web-FTP Server的IP 地址和学院的域名www.sziit.edu.cn，单击"增加"按钮，然后单击"启动"按钮，开启DNS 服务，具体配置如图 5-8 所示。

图 5-8　DNS Server 域名配置

4. 配置 FTP 服务

双击选择 Web-FTP Server，进入服务器信息配置界面，选择FtpServer，在物理主机上新建一个文件夹，存放从 FtpClient 上传的文件，单击"确定"按钮，再单击"启动"按钮，开启FTP 服务。具体配置如图 5-9 所示。文件夹存放路径可以根据自身需求创建，此处是在桌面建立名为"ftp 服务器"的文件夹。

图 5-9　FTP Server 服务配置

二、配置 GVRP 创建 VLAN

1. 配置 Trunk 接口并开启交换机 GVRP 功能

在所有交换机上配置Trunk 接口并开启设备GVRP功能。以交换机LSW1 为例，首先使能交换机LSW1 全局GVRP功能，然后配置交换机LSW1 的Trunk 接口GE 0/0/1 和GE 0/0/2 允许所有通过VLAN ID 通过，最后在Trunk 接口上使能接口GVRP 功能完成配置。LSW1 配置命令如下所示：

```
[LSW1]gvrp                                        //使能全局 GVRP 功能
[LSW1]interface GigabitEthernet 0/0/1
[LSW1-GigabitEthernet0/0/1]port link-type trunk
[LSW1-GigabitEthernet0/0/1]port trunk allow-pass vlan all
[LSW1-GigabitEthernet0/0/1]gvrp                   //使能接口 GVRP 功能
```

```
[LSW1-GigabitEthernet0/0/1]quit
[LSW1]interface GigabitEthernet 0/0/2
[LSW1-GigabitEthernet0/0/2]port link-type trunk
[LSW1-GigabitEthernet0/0/2]port trunk allow-pass vlan all
[LSW1-GigabitEthernet0/0/2]gvrp
[LSW1-GigabitEthernet0/0/2]quit
```

交换机 LSW2 配置 Trunk 接口并开启设备 GVRP 功能的配置命令如下：

```
[LSW2]gvrp
[LSW2]interface GigabitEthernet 0/0/1
[LSW2-GigabitEthernet0/0/1]port link-type trunk
[LSW2-GigabitEthernet0/0/1]port trunk allow-pass vlan all
[LSW2-GigabitEthernet0/0/1]gvrp
[LSW2-GigabitEthernet0/0/1]quit
[LSW2]interface Ethernet 0/0/2
[LSW2-Ethernet0/0/2]port link-type trunk
[LSW2-Ethernet0/0/2]port trunk allow-pass vlan all
[LSW2-Ethernet0/0/2]gvrp
[LSW2-Ethernet0/0/2]quit
```

交换机 LSW3 和 LSW2 所接接口一样，其配置 Trunk 接口并开启设备 GVRP 功能的配置命令与 LSW2 一样，这里不再赘述。

交换机 LSW4 配置 Trunk 接口并开启设备 GVRP 功能的配置命令如下：

```
[LSW4]gvrp
[LSW4]interface Ethernet 0/0/1
[LSW4-Ethernet0/0/1]port link-type trunk
[LSW4-Ethernet0/0/1]port trunk allow-pass vlan all
[LSW4-Ethernet0/0/1]gvrp
[LSW4-Ethernet0/0/1]quit
```

LSW5 和 LSW4 所接接口一样，其配置 Trunk 接口并开启设备 GVRP 功能的配置命令与 LSW4 一样，这里不再赘述。

2. 交换机 LSW1、LSW4 和 LSW5 手动创建静态 VLAN

在接入交换机 LSW1 批量创建 VLAN，VLAN ID 为 10、20、30 和 40。

```
[LSW1]vlan batch 10 20 30 40
```

LSW4 和 LSW5 上批量创建 VLAN 命令与 LSW1 一样，这里不再赘述。

3. VLAN 信息查看

使用 display vlan 命令查看 VLAN 创建信息。LSW1 的 vlan 信息查询结果如下：

```
[LSW1]dis vlan
The total number of vlans is : 5
--------------------------------------------------------
VID  Type    Ports
```

```
----------------------------------------------------------------
1       common    UT:GE0/0/1(U)    GE0/0/2(U)     GE0/0/3(U)     GE0/0/4(U)
                  GE0/0/5(D)       GE0/0/6(D)     GE0/0/7(D)     GE0/0/8(D)
                  GE0/0/9(D)       GE0/0/10(D)    GE0/0/11(D)    GE0/0/12(D)
                  GE0/0/13(D)      GE0/0/14(D)    GE0/0/15(D)    GE0/0/16(D)
                  GE0/0/17(D)      GE0/0/18(D)    GE0/0/19(D)    GE0/0/20(D)
                  GE0/0/21(D)      GE0/0/22(D)    GE0/0/23(D)    GE0/0/24(D)

10      common    TG:GE0/0/1(U)    GE0/0/2(U)
20      common    TG:GE0/0/1(U)    GE0/0/2(U)
30      common    TG:GE0/0/1(U)    GE0/0/2(U)
40      common    TG:GE0/0/1(U)    GE0/0/2(U)
```

从查询结果可知创建出四个类型为 common 的静态 VLAN。

LSW4 和 LSW5 的 VLAN 信息查询结果与 LSW1 一致，不再列出查询结果。

交换机 LSW2 的 VLAN 信息查询结果如下：

```
[LSW2]dis vlan
The total number of vlans is : 5
----------------------------------------------------------------
VID   Type      Ports
----------------------------------------------------------------
1     common    UT:Eth0/0/1(D)    Eth0/0/2(U)     Eth0/0/3(D)     Eth0/0/4(D)
                Eth0/0/5(D)       Eth0/0/6(D)     Eth0/0/7(D)     Eth0/0/8(D)
                Eth0/0/9(D)       Eth0/0/10(D)    Eth0/0/11(D)    Eth0/0/12(D)
                Eth0/0/13(D)      Eth0/0/14(D)    Eth0/0/15(D)    Eth0/0/16(D)
                Eth0/0/17(D)      Eth0/0/18(D)    Eth0/0/19(D)    Eth0/0/20(D)
                Eth0/0/21(D)      Eth0/0/22(D)    GE0/0/1(U)      GE0/0/2(D)
10    dynamic   TG:Eth0/0/2(U)    GE0/0/1(U)
20    dynamic   TG:Eth0/0/2(U)    GE0/0/1(U)
30    dynamic   TG:Eth0/0/2(U)    GE0/0/1(U)
40    dynamic   TG:Eth0/0/2(U)    GE0/0/1(U)
```

从查询结果可知交换机 LSW2 学习到了四个类型为 dynamic 的动态 VLAN，特别要关注查询结果 LSW2 的 Trunk 接口是否都已经加入动态 VLAN 中。

LSW3 的 VLAN 查询结果与 LSW2 一致，此处不再列出。由查询结果可知，网络里所有交换机 VLAN 信息一致。

三、基于接口划分 VLAN

把 LSW4 和 LSW5 的 Access 接口 Ethernet 0/0/2、Ethernet 0/0/3 和 Ethernet 0/0/4 加入对应的 VLAN，其配置命令如下：

```
[LSW4] interface Ethernet 0/0/2
[LSW4-Ethernet0/0/2]port link-type access
[LSW4-Ethernet0/0/2]port default vlan 10
[LSW4-Ethernet0/0/2]interface Ethernet 0/0/3
```

```
[LSW4-Ethernet0/0/3]port link-type access
[LSW4-Ethernet0/0/3]port default vlan 20
[LSW4-Ethernet0/0/3]interface Ethernet 0/0/4
[LSW4-Ethernet0/0/4]port link-type access
[LSW4-Ethernet0/0/4]port default vlan 30
[LSW4-Ethernet0/0/4]quit
```

LSW5 和 LSW4 所接计算机接口一样，划分的 VLAN 也一样，这里不再赘述。

把 LSW1 的 Access 接口 GE 0/0/3 和 GE 0/0/4 加入对应 VLAN，其配置命令如下：

```
[LSW1]interface GigabitEthernet 0/0/3
[LSW1-GigabitEthernet0/0/3]port link-type access
[LSW1-GigabitEthernet0/0/3]port default vlan 40
[LSW1-GigabitEthernet0/0/3]quit
[LSW1]interface GigabitEthernet 0/0/4
[LSW1-GigabitEthernet0/0/4]port link-type access
[LSW1-GigabitEthernet0/0/4]port default vlan 40
[LSW1-GigabitEthernet0/0/4]quit
```

四、配置 VLANIF 接口

LSW1 核心交换机充当三层交换设备，实现 VLAN 间通信。其配置命令如下：

```
[LSW1]int Vlanif 10
[LSW1-Vlanif10]ip address 192.168.10.254 24
[LSW1]int Vlanif 20
[LSW1-Vlanif20]ip address 192.168.20.254 24
[LSW1]int Vlanif 30
[LSW1-Vlanif30]ip address 192.168.30.254 24
[LSW1]int Vlanif 40
[LSW1-Vlanif40]ip address 192.168.40.254 24
```

五、结果验证

在 PC11 上分别 ping 其他两个 VLAN 中的计算机 PC22 和 PC32，结果如图 5-10 所示。从结果可得知计算机之间都能通信，说明 LSW1 的三层交换机可实现 VLAN 间通信。

此处将计算机 PC32 用 HTTP Client 终端代替，用于验证 DNS 服务、Web 服务和 FTP 服务。

```
PC>ping 192.168.20.22

Ping 192.168.20.22: 32 data bytes, Press Ctrl_C to break
From 192.168.20.22: bytes=32 seq=1 ttl=127 time=172 ms
From 192.168.20.22: bytes=32 seq=2 ttl=127 time=125 ms
From 192.168.20.22: bytes=32 seq=3 ttl=127 time=141 ms
From 192.168.20.22: bytes=32 seq=4 ttl=127 time=140 ms
From 192.168.20.22: bytes=32 seq=5 ttl=127 time=125 ms
```

（a）PC11 与 PC22 连通性检测结果

图 5-10　验证不同 VLAN 间计算机的连通性

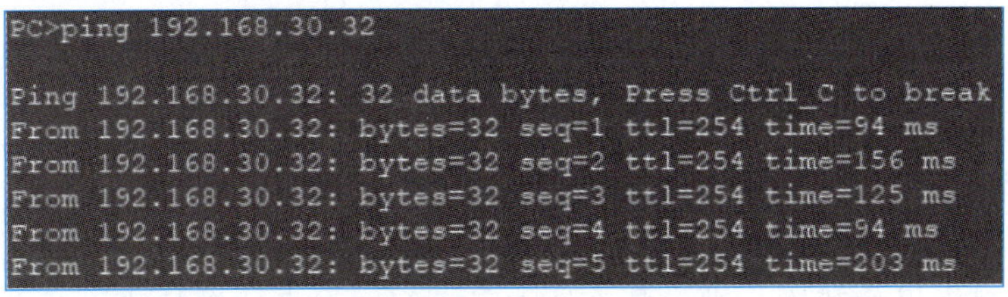

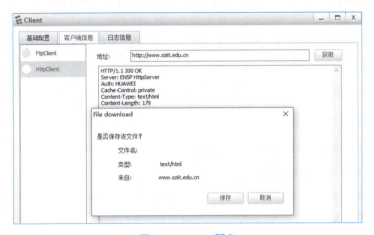

（b）PC11 与 PC32 连通性检测结果

图 5-10　验证不同 VLAN 间计算机的连通性（续）

选择 PC32，在地址栏输入 HTTP 服务器的域名www.sziit.edu.cn，单击"获取"按钮，返回 200 OK 即表示能通过域名访问 HTTP，如图 5-11 所示。

图 5-11　Web 服务

选择 PC32，进入客户端信息配置界面，选择 FtpClient 并设置 FTP server 服务器地址 192.168.140.2，接口号 21，用户名 1，密码 1，进行登录，如图 5-12 所示。在配置界面，左边本地文件列表显示的是物理主机中的文件，选中 ftp.pdf 文档上传至 FTP server，弹出文件上传成功对话框，即表示 FTP 服务配置成功。

图 5-12　FTP 服务

拓展学习

通过学习可知 VLAN 只能内部进行通信，VLAN 间的通信需要三层交换机将一个个 VLAN 联系起来。三层交换机搭建起网络之间通信的桥梁。在汶川大地震中，通信设施遭受严重破坏，通信网络瘫痪，整个汶川就像一个信息孤岛与外界失去联系。在这场灾难中，一些英勇无畏的英雄，进入危险的灾区。倪红卫是汶川县威州派出所的一名普通民警，他积极参与到地震救援中，冒险将灾区信息传递出来，为后续的救援工作提供了重要帮助。15 名空降兵在茂县 5 000 m 的高空惊天一跃，他们以军人的血性和勇气，打通了汶川地震"孤岛"与外界的信息通路，为人民军队挺进灾区抗震救灾提供了宝贵的灾情信息。还有我们通信人克服困难、抢修线路、恢复网络，为抗震救灾提供了重要的通信保障。

他们用实际行动诠释了什么是责任与担当，什么是"生命至上，责任重于泰山"。在面对灾难时，我们要坚持人民至上、生命至上，团结一心、共克时艰。同时，我们也要从他们身上汲取力量和勇气，学习他们的奉献精神和责任意识，更好地应对未来的挑战。

习 题

1. 简述二层交换机与三层交换机的不同。
2. 三层交换技术及其给局域网组网带来的优势有哪些？
3. 当源站点与目的站点通过一个三层交换机连接，下面说法正确的是（ ）。
   A. 三层交换机解决了不同 VLAN 之间通信，但同一 VLAN 的主机不能通信
   B. 源站点的 ARP 表中一定要有目的站点的 IP 地址与 MAC 地址的影射表，否则源站点不知道目的站点的 MAC 地址，无法封装数据，也无法通信
   C. 源站点与目的站点不在一个 VLAN 时，源站点的 ARP 表中没有目的站点的 IP 地址与 MAC 地址的影射表，而有网关 IP 地址与网关的 MAC 地址影射表项
   D. 以上说法都不对

项目 6

生成树协议 STP 部署

【知识目标】

（1）掌握 STP 的基本概念与工作原理。

（2）掌握 STP 的配置命令。

（3）了解除了生成树之外的其他消除交换网络二层环路的方法。

【技能目标】

具备在环路中部署 STP 协议、解决环路问题的能力。

【素养目标】

通过使用 STP 技术解决以太网环路问题，引出正确的面对困难的态度，培养正确的人生观。

项目描述

A 公司拟组建一个局域网，为使局域网稳定运行，公司的工程师搭建一个图 6-1 所示的环状结构网络，并在核心交换机上配置冗余链路实现备份。链路的冗余虽然

生成树协议 STP 部署

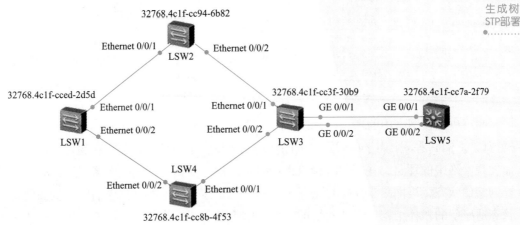

图 6-1 环状结构网络示意图

增强了网络的可靠性，但是也产生相应的环路问题。因此需要在所有交换机上部署生成树协议 STP，并指定核心交换机 LSW5 为环路的根交换机，以保证其核心地位。

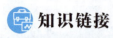 知识链接

一、二层交换机网络的冗余性与环路问题

随着局域网规模的不断扩大，越来越多的交换机被用来实现主机之间的互联。交换机在互联时一般都会使用冗余链路来实现备份。冗余链路虽然增强了网络的可靠性，但是也会产生环路；在现实中，人为错误地连接设备之间的互联线缆，也会引入二层环路。

二层环路会带来广播风暴和 MAC 地址表漂移等问题，引起通信质量下降和通信业务中断。根据交换机的转发原则，如果交换机从一个接口上接收到的是一个广播帧，或者是一个目的 MAC 地址未知的单播帧，则会将这个帧向数据接收接口之外的其他接口转发。如果交换网络中有环路，则这个帧会被无限转发，此时会形成广播风暴，网络中充斥着重复的数据帧。在图 6-2（a）中，SW3 收到了一个广播帧将其进行泛洪，SW1 和 SW2 也会将此帧转发到除了接收此帧的其他所有接口，结果此帧又会被再次转发给 SW3，这种循环会一直持续，于是便产生了广播风暴。交换机性能会因此急速下降，并会导致业务中断。交换机根据所接收到的数据帧的源地址和接收接口生成 MAC 地址表项。在图 6-2（b）中，SW3 收到一个广播帧泛洪，SW1 从 GE0/0/1 接口接收到广播帧后学习且泛洪，形成 MAC 地址 5489-98EE-788A 与 GE0/0/1 的映射；SW2 收到广播帧后学习且泛洪，SW1 再次从 GE0/0/2 收到源 MAC 地址为 5489-98EE-788A 的广播帧并进行学习，5489-98EE-788A 会不断地在 GE0/0/1 与 GE0/0/2 接口之间来回切换，称为 MAC 地址漂移现象。MAC 地址表漂移会导致上网速度变慢，出现严重丢包现象。

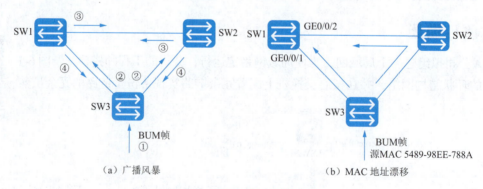

图 6-2　二层环路引发的问题

为解决交换网络中的环路问题，提出在网络中部署 STP（spanning tree protocol，生成树协议）。STP 是一个用于局域网中消除环路的协议。运行该协议的设备通过彼此交互信息而发现网络中的环路，并对某些接口进行阻塞以消除环路。STP 在网络中运行后会持续监控网络的状态，当网络出现拓扑变更时，STP 能够感知并且进行自动响应，从而使得网络状态适应新的拓扑结构，保证网络可靠性。由于局域网规模的不断增长，生成树协议已经成了当前最重要的局域网协议之一。

二、STP 基本概念

1. 网桥协议数据单元

BPDU（bridge protocol data unit，网桥协议数据单元）是 STP 能够正常工作的根本。BPDU 是 STP 的协议报文。为了计算生成树，交换机之间需要交换相关的信息和参数，这些信息和参数被封装在 BPDU。

BPDU 包含了桥 ID、路径开销和接口 ID 等参数。STP 协议通过在交换机之间传递 BPDU 来选举根交换机，以及确定每个交换机接口的角色和状态。在初始化过程中，每个桥都主动发送 BPDU。在网络拓扑稳定以后，只有根桥主动发送 BPDU，其他交换机在收到上游传来的 BPDU 后，才会发送自己的 BPDU。表 6-1 为 BPDU 报文格式。

表 6-1　BPDU 报文格式

字节数（B）	字段及描述	字节数（B）	字段及描述
2	PID：协议 ID	8	Bridge ID：桥 ID
1	PVI：协议版本 ID	2	Port ID：接口 ID
1	BPDU Type：BPDU 类型	2	Message age：消息寿命
1	Flags：标志	2	Max Age：最大寿命
8	Root ID：根网桥的桥 ID	2	Hello Time：根桥连续发送 BPDU 的时间间隔
4	RPC：根路径开销	2	Forward Delay：转发延迟

2. 桥 ID

在 STP 网络中，每一台交换机都有一个标示符，称为 BID（Bridge ID）或者桥 ID。BID 由 16 位的桥优先级（bridge priority）和 48 位的 MAC 地址构成。桥优先级是可以配置的，取值范围是 0～65 535，默认值为 32 768，优先级的修改值必须为 4 096 的倍数。

3. 根桥

STP 的主要作用之一是在整个交换网络中计算出一棵无环的"树"。STP 开始工作后，会在交换网络中选举一个根桥，根桥是生成树进行拓扑计算的重要参考点，是 STP 计算得出的无环拓扑的树根。在根桥的选举过程中，首先比较 BID 优先级，优先级的值越小，则越优先，拥有最小优先级值的交换机会成为根桥；如果优先级相等，那么再比较 BID 的 MAC 地址，拥有最小 MAC 地址的交换机会成为根桥。在图 6-3 中选举根桥，首先比较三

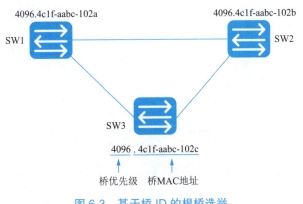

图 6-3　基于桥 ID 的根桥选举

台交换机的桥优先级,桥优先级都为 4 096,再比较三台交换机的 MAC 地址,谁小谁优先,最终选择 SW1 为根桥。

4. 开销(Cost)

交换机的每个接口都有一个接口开销参数,接口的 Cost 主要用于计算根路径开销,也就是到达根的开销。接口的默认 Cost 除了与其速率、工作模式有关,还与交换机使用的 STP Cost 计算方法有关。默认情况下接口的开销和接口的带宽有关,带宽越高,开销越小。用户也可以根据需要通过命令调整接口的 Cost。

华为交换机支持多种 STP 的路径开销计算标准,提供多厂商场景下最大程度的兼容性。默认情况下,华为交换机使用 IEEE 802.1t 标准来计算路径开销。Cost 的计算方法见表 6-2。

表 6-2 接口 Cost 计算方法

接口速率	STP 开销		
	IEEE 802.1d-1998 标准	IEEE 802.1t 标准	华为计算方法
100 Mbit/s	18	199 999	199
1 000 Mbit/s	4	20 000	20
10 Gbit/s	2	2 000	2
40 Gbit/s	1	500	1
100 Gbit/s	1	200	1

5. 根路径开销 RPC

在 STP 的拓扑计算过程中,一个非常重要的环节就是丈量交换机某个接口到根桥的成本。从一个非根桥接口到达根桥的路径可能有多条,每一条路径都有一个总的开销值。非根桥通过对比多条路径的路径开销,选出到达根桥的最短路径,这条最短路径的路径开销被称为根路径开销 RPC(root path cost),并生成无环树状网络。交换机从某个接口到达根桥的 RPC 等于从根桥到该设备沿途所有接入方向接口的 Cost 累加,根桥的根路径开销是 0。

在图 6-4 中,SW3 从 GE0/0/1 接口到达根桥的 RPC 等于接口 1 的 Cost 加上接口 2 的 Cost,即 RPC=500+20 000。

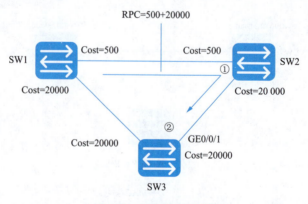

图 6-4 RPC 开销计算

6. 接口 ID

运行 STP 交换机的每个接口都有一个接口 ID（PID，port ID），接口 ID 用于在特定场景下选举指定接口。接口 ID 由接口优先级和接口号两部分构成，高 4 bit 是接口优先级，低 12 bit 是接口编号。优先级取值范围是 0～240，步长为 16，即取值必须为 16 的整数倍，默认情况下，接口优先级是 128。接口 ID 可以用来确定接口角色。用户可以根据实际需要，通过命令修改该优先级。

7. STP 接口状态

运行 STP 协议的设备上接口状态有禁用（Disable）、阻塞（Blocking）、侦听（Listening）、学习（Learning）和转发（Forwarding）五种。表 6-3 所示为 STP 接口状态。

表 6-3 STP 接口状态

状态名称	状态描述
禁用（Disable）	该接口不能收发 BPDU，也不能收发业务数据帧，例如接口为 down
阻塞（Blocking）	该接口被 STP 阻塞。处于阻塞状态的接口不能发送 BPDU，不能收发业务数据帧，也不会进行 MAC 地址学习，但是会持续侦听 BPDU
侦听（Listening）	当接口处于该状态时，表明 STP 初步认定该接口为根接口或指定接口，但接口依然处于 STP 计算的过程中，此时接口可以收发 BPDU，但是不能收发业务数据帧，也不会进行 MAC 地址学习
学习（Learning）	当接口处于该状态时，会侦听业务数据帧（但是不能转发业务数据帧），并且在收到业务数据帧后进行 MAC 地址学习
转发（Forwarding）	处于该状态的接口可以正常地收发业务数据帧，也会进行 BPDU 处理。接口的角色需是根接口或指定接口才能进入转发状态

当一个接口启用或者 STP 被启用时，接口会从 Disable 状态进入 Blocking 状态。当接口被选为根接口或指定接口，它会进入 Listening 状态。当接口的 Forward Delay 定时器超时时，接口会从 Listening 状态进入 Learning 状态，然后进入 Forwarding 状态。如果接口不再被选为根接口或指定接口，它将从当前状态返回到 Blocking 状态。当接口变为禁用或者 STP 被禁用时，接口会从当前状态进入 Disabled 状态。

三、STP 工作原理

STP 定义了指定接口、根接口和预备接口三种接口角色。指定接口是交换机向所连网段转发 BPDU 的接口，每个网段有且只能有一个指定接口。一般情况下，根桥的每个接口总是指定接口。根接口是非根交换机去往根桥路径最优的接口。在一个运行 STP 协议的交换机上最多只有一个根接口，但根桥上没有根接口。如果一个接口既不是指定接口也不是根接口，则此接口为预备接口，预备接口将被阻塞。

STP 的工作是在交换网络中计算出一个无环拓扑。首先，STP 根据桥 ID 选举一个根桥，然后在每个非根交换机选举一个根接口，接着每个网段选举一个指定接口，最后阻塞非根非指定接口，形成无环的树状网络拓扑。交换机读取 BPDU 的根桥 ID、根路径开销、网桥 ID 以及接口 ID 四个关键字段并进行比较，按照顺序选举根桥、根接口、指定接口和预备接口。

下面结合图 6-5 了解 STP 工作过程。

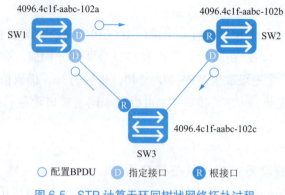

图 6-5　STP 计算无环回树状网络拓扑过程

① 根桥选择。STP 交换机初始启动之后，都会认为自己是根桥，并在发送给其他交换机的 BPDU 中宣告自己为根桥。此时 BPDU 中的根桥 ID（RID）为各自设备的 BID。当交换机收到网络中其他交换机发送来的 BPDU 后，会比较接收到的 BPDU 中的 RID 和自己的 BID。如果收到的 RID 比 BID 小，则会修改自己 BPDU 的 RID 的值为收到的 RID 值；如果收到的 RID 比 BID 大，则不修改自己的 BPDU 值。交换机不断交互 BPDU，最终选举一台 BID 最小的交换机作为根桥，其他的交换机则为非根桥。在图 6-4 中，交换机 SW1、SW2、SW3 的优先级相等，SW1 的 MAC 地址最小，所以 SW1 为根桥，SW2 和 SW3 为非根桥。根桥的角色可抢占，当有更优的 BID 的交换机加入网络时，网络会重新进行 STP 计算，选出新的根桥。

② 根接口选择。在每台非根桥上选举一个根接口。非根桥交换机上有且只会有一个根接口。交换机有多个接口接入网络，各个接口都会收到 BPDU 报文，接口首先比较根路径开销 RPC，交换机会选 RPC 最小的接口作为根接口。当 RPC 相同时，比较上行交换机的 BID，交换机会选上行设备 BID 最小的接口作为根接口。当上行交换机 BID 相同时，比较上行交换机的 PID，交换机会选上行设备 PID 最小的接口作为根接口。当上行交换机的 PID 相同时，则比较本地交换机的 PID，交换机会选接口 PID 最小的接口作为根接口。在图 6-4 中，交换机 SW2、SW3 各有两个接口接入网络，比较两个接口到根桥的 RPC 值，标识为 R 的接口为根接口。

③ 指定接口选择。在每条链路上选举一个指定接口。指定接口也是通过比较 RPC 来确定的，选择 RPC 最小的作为指定接口。若 RPC 相等，则比较链路两端交换机的 BID，交换机会选 BID 最小的交换机的接口作为指定接口。若 BID 相等，则比较链路两端接口的 PID，交换机会选 PID 最小的交换机的接口作为指定接口。一般情况下，根桥上不存在任何根接口，只存在指定接口。在图 6-4 中，SW1 和 SW2 之间的链路，指定接口为 SW1 上标识为 D 的接口，SW1 和 SW3 之间的链路，指定接口为 SW1 上标识为 D 的接口，SW2 和 SW3 之间的链路，指定接口为 SW2 上标识为 D 的接口。

④ 预备接口选择。非根接口非指定接口被阻塞。把交换机上既不是根接口又不是指定接口的预备接口进行阻塞。一旦预备接口被逻辑阻塞后，STP 树（无环路工作拓扑）就生成了。当主要线路出现故障断开的时候，STP 会激活阻塞接口，启用备份链路。需要注意

的是，预备接口不能转发用户数据，但是可以接收并处理 BPDU。根接口和指定接口既可以接收和发送 BPDU，也可以转发用户数据帧。

STP 基础配置命令

1. 使能启用 STP/RSTP/MSTP 功能

```
stp enable
```

默认情况下，设备 STP/RSTP/MSTP 功能处于启用状态。

2. 配置生成树工作模式

```
stp mode {stp|rstp|mstp}
```

交换机支持 STP、RSTP 和 MSTP 三种工作模式，默认情况工作在 MSTP 模式。

3. 配置根桥

```
stp root primary
```

配置当前设备为根桥。默认情况下，交换机不作为任何生成树的根桥。配置后该设备优先级数值自动为 0，并且不能更改设备优先级。

4. 配置交换机的 STP 优先级

```
stp priority priority
```

默认情况下，交换机的优先级默认取值是 32 768。

5. 备份根桥

```
stp root secondary
```

配置当前交换机为备份根桥。缺陷情况下，交换机不作为任何生成树的备份根桥。配置后该设备优先级数值为 4 096，并且不能更改设备优先级。

6. 配置接口优先级

```
stp priority priority
```

接口视图下配置接口的优先级。默认情况下，交换机接口的优先级默认取值是 128。

项目设计

华为交换机部署 STP 分为四部分：第一部分使能交换机 STP 模式，华为交换机默认启用 MSTP；第二部分分析 STP 运行结果，确定根桥，查看 STP 运行状态信息分析图 6-5 所示的网络结构，用图形显示该网络实际的运行架构；第三部分修改根桥，如果发现核心交换机 LSW5 不是根桥，修改 STP 相关参数，使得 LSW5 成为根桥；第四部分结果验证，根据 STP 运行状态信息，用图形显示运行 STP 的无环拓扑图。

项目实施与验证

华为交换机部署 STP 的配置思路流程图如图 6-6 所示。

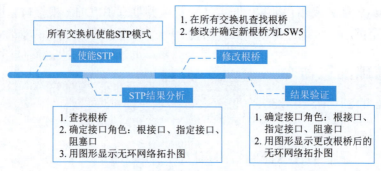

图 6-6 STP 部署思路流程图

一、使能 STP

华为交换机默认启用 MSTP 模式，修改交换机 STP 模式并启用。以交换机 LSW1 的配置为例，使能交换机 STP，其命令如下所示：

```
[LSW1]stp mode stp
[LSW1]stp enable
```

按照同样的方法在交换机 LSW2~LSW5 上进行配置。

二、STP 运行结果分析

查看 LSW5 的 STP 信息，可知当前网络根桥的 MAC 地址和接口号等重要信息。从下面显示 CIST Root 的值与 CIST RegRoot 的值不一样可知道 LSW5 不是根桥，但它的 GE0/0/1 是根接口，GE0/0/2 是阻塞口。

```
[LSW5]dis stp
-------[CIST Global Info][Mode STP]-------
CIST Bridge         :32768.4c1f-cc7a-2f79
Config Times        :Hello 2s MaxAge 20s FwDly 15s MaxHop 20
Active Times        :Hello 2s MaxAge 20s FwDly 15s MaxHop 20
CIST Root/ERPC      :32768.4c1f-cc3f-30b9 / 20000
CIST RegRoot/IRPC   :32768.4c1f-cc7a-2f79 / 0
......
[LSW5]dis stp brief
 MSTID  Port                     Role  STP State    Protection
   0    GigabitEthernet0/0/1     ROOT  FORWARDING   NONE
   0    GigabitEthernet0/0/2     ALTE  DISCARDING   NONE
```

用同样的方法查询 LSW1~LSW3 和 LSW5 的 STP 信息。从查询结果可知 LSW3 的 CIST Root 的值与 CIST RegRoot 的值一样，可确定交换机 LSW3 是当前网络中的根桥。其接口都是指定接口。

```
[LSW3]dis stp
-------[CIST Global Info][Mode STP]-------
CIST Bridge         :32768.4c1f-cc3f-30b9
Config Times        :Hello 2s MaxAge 20s FwDly 15s MaxHop 20
```

```
Active Times              :Hello 2s MaxAge 20s FwDly 15s MaxHop 20
CIST Root/ERPC            :32768.4c1f-cc3f-30b9 / 0
CIST RegRoot/IRPC         :32768.4c1f-cc3f-30b9 / 0
......
[LSW3]dis stp brief
 MSTID   Port                           Role   STP State      Protection
   0     Ethernet0/0/1                  DESI   FORWARDING     NONE
   0     Ethernet0/0/2                  DESI   FORWARDING     NONE
   0     GigabitEthernet0/0/1           DESI   FORWARDING     NONE
   0     GigabitEthernet0/0/2           DESI   FORWARDING     NONE
```

使用同样的方法查询 LSW1、LSW2 和 LSW4 的接口信息值。从查询结果可知 LSW1 的 E0/0/1 是阻塞口。

```
[LSW1]dis stp brief
 MSTID   Port                    Role   STP State      Protection
   0     Ethernet0/0/1           ALTE   DISCARDING     NONE
   0     Ethernet0/0/2           ROOT   FORWARDING     NONE

[LSW2]dis stp brief
 MSTID   Port                    Role   STP State      Protection
   0     Ethernet0/0/1           DESI   FORWARDING     NONE
   0     Ethernet0/0/2           ROOT   FORWARDING     NONE

[LSW4]dis stp brief
 MSTID   Port                    Role   STP State      Protection
   0     Ethernet0/0/1           ROOT   FORWARDING     NONE
   0     Ethernet0/0/2           DESI   FORWARDING     NONE
```

根据上述查询结果，LSW5 的 GE0/0/2 和 LSW1 的 Ethernet0/0/1 是阻塞口，破坏了图 6-5 所示的环状结构，可得到图 6-7 所示的新的树状结构拓扑图，同时，也是当前网络运行的拓扑结构图。

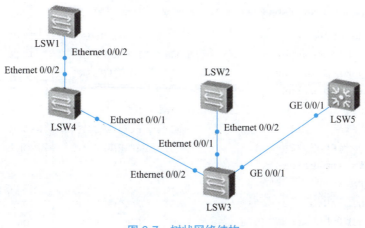

图 6-7 树状网络结构

三、修改根桥

根据上述 STP 信息查询结果，各交换机的优先级相同，都是 32 768。根据 STP 生成根桥的原理，设备的优先权值在选举根桥过程中发挥着举足轻重的作用，优先级值越低代表优先级越高。因此可以修改 LSW5 的优先权值为 4 096，此时 LSW5 将会成为根桥。

```
[LSW5]stp priority 4096
```

改变优先权值后，网络重新运行 STP，待算法收敛后，分别查看交换机的 STP 状态。交换机 LSW5 的 STP 状态显示其已成为新的根桥。

```
[LSW5]dis stp
-------[CIST Global Info][Mode STP]-------
CIST Bridge            :4096 .4c1f-cc7a-2f79
Config Times           :Hello 2s MaxAge 20s FwDly 15s MaxHop 20
Active Times           :Hello 2s MaxAge 20s FwDly 15s MaxHop 20
CIST Root/ERPC         :4096 .4c1f-cc7a-2f79 / 0
CIST RegRoot/IRPC      :4096 .4c1f-cc7a-2f79 / 0
......
```

四、结果验证

查询 LSW1～LSW5 的接口信息值。从查询结果可知 LSW1 的 Ethenet0/0/1、LSW3 的 GE0/0/2 的接口角色是 ALTE，接口 STP State 状态值为 DISCARDING 表明接口堵塞。

```
<LSW1> dis stp brief
 MSTID  Port                  Role    STP State    Protection
   0    Ethernet0/0/1         ALTE    DISCARDING   NONE
   0    Ethernet0/0/2         ROOT    FORWARDING   NONE
<LSW2> dis stp brief
 MSTID  Port                  Role    STP State    Protection
   0    Ethernet0/0/1         DESI    FORWARDING   NONE
   0    Ethernet0/0/2         ROOT    FORWARDING   NONE
<LSW3> dis stp brief
 MSTID  Port                  Role    STP State    Protection
   0    Ethernet0/0/1         DESI    FORWARDING   NONE
   0    Ethernet0/0/2         DESI    FORWARDING   NONE
   0    GigabitEthernet0/0/1  ROOT    FORWARDING   NONE
   0    GigabitEthernet0/0/2  ALTE    DISCARDING   NONE
<LSW4> dis stp brief
 MSTID  Port                  Role    STP State    Protection
   0    Ethernet0/0/1         ROOT    FORWARDING   NONE
   0    Ethernet0/0/2         DESI    FORWARDING   NONE
<LSW5> dis stp brief
 MSTID  Port                  Role    STP State    Protection
   0    GigabitEthernet0/0/1  DESI    FORWARDING   NONE
   0    GigabitEthernet0/0/2  DESI    FORWARDING   NONE
```

根据接口信息查询，得到修改根桥后的图 6-8 所示的新的树状结构拓扑图，同时，也是当前网络运行的拓扑结构图。

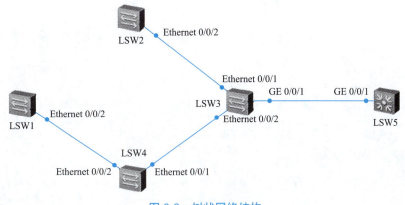

图 6-8　树状网络结构

拓展学习

环路会引起广播风暴、MAC 地址表不稳定等故障，导致用户通信质量较差、通信中断等问题。然而为了网络的健壮性、可靠性，环路必须存在。同时，人为错误地连接设备造成的环路难以避免。为解决交换网络中的环路问题，我们通过生成树协议（STP）阻塞冗余链路，消除环路。同时，当活动路径发生故障，又使用生成树协议激活冗余链路，恢复通信。

在学习和生活中，我们也会无可避免地遭遇困难和挫折。困难是一次挑战，也是一次机遇。困难本身并不可怕，关键是我们自己要有积极的心态和有效的方法去面对，养成勇于克服困难、不怕困难和开拓进取的良好品质。

遇到困难时，首先要有乐观的心态，要有信心，不要被困难所吓倒。俗语说得好，"困难像弹簧，你强它就弱"，不怕困难才能想办法去解决困难。

其次，我们可以独立思考，解决困难。锻炼和培养自己的思考能力，锻炼自己解决问题的能力，养成良好的学习习惯和科学的分析方法。当我们解开谜底、克服困难时，就会感觉到一种成就感和自豪感，证明自己的实力，为下次克服困难注入新的活力，在困境中锻炼、磨炼自己。

习　题

1. 什么是广播风暴，其形成的原因是什么？
2. 广播只有坏处没有用处吗？试举例说明。
3. 抑制广播风暴的方法有哪些？
4. 简述 STP 原理。
5. 简述根桥的选举过程。
6. STP 接口的状态特征有哪些？

项目 7

以太网链路聚合部署

【知识目标】

（1）掌握以太网链路聚合的基本概念与工作原理。
（2）理解LACP模式的链路聚合协商过程。
（3）了解链路聚合与堆叠技术常见应用与组网。

【技能目标】

具备在网络中部署以太网链路聚合、提升网络性能的能力。

【素养目标】

通过将多个以太网接口配置成一个大的逻辑接口，引出团结合作的重要性，培养团队协作沟通能力。

项目描述

视频
以太网链路
聚合部署

A公司随着业务的发展，公司对于网络的带宽、可靠性要求越来越高。在项目6，A公司工程师通过部署冗余链路并辅以STP协议实现网络的高可靠性，根桥为LSW5，阻塞接口为LSW3的GE0/0/2。但是由于STP的存在，当设备之间存在多条链路时，实际只会有一条链路转发流量，设备间链路带宽无法得到提升，因此，A公司工程师拟将在交换机LSW3和LSW5之间配置以太网链路聚合，将LSW3的GE0/0/1和GE0/0/2两个物理接口捆绑成为一个逻辑接口，将LSW5的GE0/0/1和GE0/0/2两个物理接口捆绑成为一个逻辑接口，达到增加LSW3和LSW5链路带宽的目的。

同时，A公司按照职能部门划分VLAN，其中公司PC1为公司财务部主机，VLAN ID为10，PC2为技术部主机，VLAN ID为20，Server为公司的网站服务器，VLAN ID为30，A公司内部主机能够互访。A公司的网络拓扑图如图7-1所示。

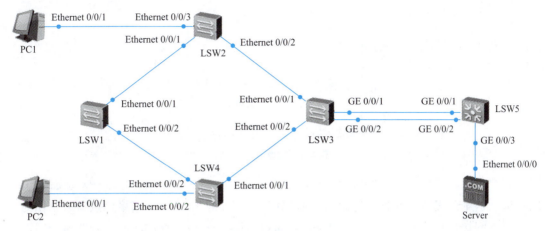

图 7-1 网络拓扑图

知识链接

一、链路聚合技术

网络的可靠性指当设备或者链路出现单点或者多点故障时保证网络服务不间断的能力。为保证设备间链路可靠性，在设备间部署多条物理线路，为防止环路 STP 只保留一条链路转发流量，其余链路处于阻塞状态，不能转发流量。STP 协议提供了链路的容错，但设备间链路带宽无法得到提升，如图7-2（a）所示。

以太网链路聚合 Eth-Trunk，简称链路聚合，通过将多个物理接口捆绑成为一个逻辑接口，可以在不进行硬件升级的条件下，达到增加链路带宽的目的，如图7-2（b）所示。

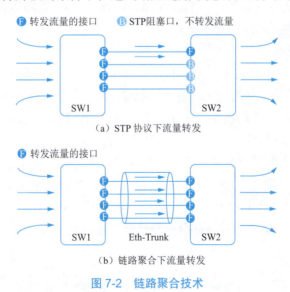

图 7-2 链路聚合技术

二、链路聚合基本概念

图7-3给出了链路聚合基本概念，包括聚合组 LAG（link aggregation group）、成员接口和成员链路、活动接口和活动链路、非活动接口和非活动链路。

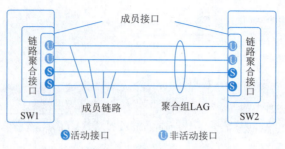

图 7-3 链路基本概念

若干条链路捆绑在一起所形成的逻辑链路称为聚合组。每个聚合组唯一对应着一个逻辑接口，这个逻辑接口又称为链路聚合接口或 Eth-Trunk 接口。链路聚合接口可以作为普通的以太网接口来使用，与普通以太网接口的差别在于转发数据的时候，链路聚合组需要从成员接口中选择一个或多个接口来进行数据转发。

组成 Eth-Trunk 接口的各个物理接口称为成员接口。成员接口对应的链路称为成员链路。一个聚合组内要求成员接口速率、双工模式、VLAN 配置参数相同。VLAN 配置要求接口类型都是 Trunk 或者 Access，如果为 Access 接口，接口的默认 VLAN 需要一致，如果为 Trunk 接口，接口允许通过的 VLAN、默认 VLAN 需要一致。

参与数据转发的成员接口称为活动接口，又叫选中（selected）接口。活动接口对应的链路称为活动链路（active link）。不参与转发数据的成员接口叫非活动接口，又叫非选中（unselected）接口。非活动接口对应的链路被称为非活动链路（inactive link）。

三、链路聚合模式

根据是否开启 LACP（link aggregation control protocol，链路聚合控制协议），链路聚合模式可以分为手工模式和 LACP 模式。

1. 链路聚合手工模式

当聚合的两端设备中存在一个不支持 LACP 协议时，可以使用手工模式。手工模式 Eth-Trunk 的建立、成员接口的加入均由手动配置，双方系统之间不使用 LACP 进行协商。正常情况下所有链路都是活动链路，该模式下所有活动链路都参与数据的转发，平均分担流量，如果某条活动链路故障，链路聚合组自动在剩余的活动链路中平均分担流量。

手工模式下，设备间没有报文交互，只能通过人工确定。为了使链路聚合接口正常工作，必须保证本端链路聚合接口中所有成员接口的对端接口必须属于同一设备，且加入同一链路聚合接口。在图 7-4 中 SW1 将四个接口加入到同一个聚合接口，但是其中一个接口的对端为 SW3，而不是 SW2，导致部分流量被负载分担到 SW3，从而导致通信异常。

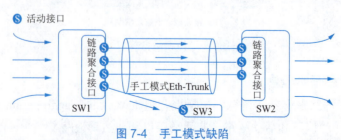

图 7-4 手工模式缺陷

2. 链路聚合 LACP 模式

LACP 模式是采用 LACP 协议的一种链路聚合模式。设备间通过链路聚合控制协议数据单元 LACPDU（link aggregation control protocol data unit）进行交互，通过协议协商确保对端是同一台设备、同一个聚合接口的成员接口。LACPDU 报文中包含设备优先级、MAC 地址、接口优先级、接口号等。

LACP 模式下，两端设备所选择的活动接口数目必须保持一致，否则链路聚合组就无法建立。此时可以使其中一端成为主动端，另一端为被动端，被动端根据主动端选择活动接口。主动端通过系统 LACP 优先级确定，值越小优先级越高。系统 LACP 优先级默认为 32 768，通常保持默认。当优先级一致时，LACP 会通过比较 MAC 地址选择主动端，MAC 地址越小越优。

选出主动端后，两端都会以主动端的接口优先级来选择活动接口，优先级高的接口将优先被选为活动接口。接口 LACP 优先级值越小，优先级越高。系统 LACP 优先级默认为 32 768，通常保持默认。当优先级一致时，LACP 会通过接口编号选择活动接口，接口号越小越优。

图 7-5 所示为 LACP 模式。

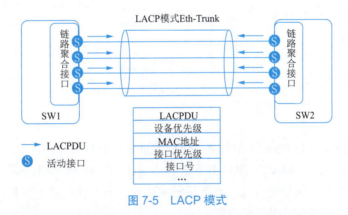

图 7-5 LACP 模式

LACP 模式支持配置最大活动接口数目，当成员接口数目超过最大活动接口数目时，会通过比较接口优先级、接口号选举出较优的接口成为活动接口，其余的则成为备份的非活动接口，同时对应的链路分别成为活动链路、非活动链路。交换机只会从活动接口中发送、接收报文。在图 7-6 中设置最大活动接口数目为 2，接口 1 和接口 2 被选为活动接口，对应的链路成为活动链路；接口 3 和接口 4 被选为非活动接口，对应的链路成为非活动链路。

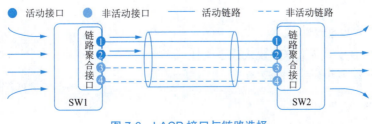

图 7-6 LACP 接口与链路选择

当活动链路中出现链路故障时,从非活动链路中找出一条接口优先级最高的链路替换故障链路,实现总体带宽不发生变化、业务的不间断转发,如图7-7所示。

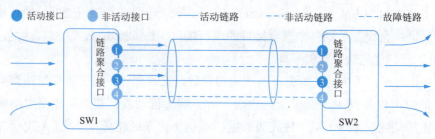

图 7-7 故障时,活动链路恢复

四、链路聚合负载分担

Eth-Trunk 采用逐流负载分担的方式,即一条相同的流负载到一条链路,这样既保证了同一数据流的数据帧在同一条物理链路转发,又实现了流量在聚合组内各物理链路上的负载分担,如图7-8所示。

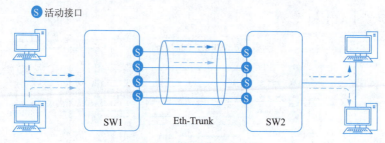

图 7-8 基于流的负载分担

Eth-trunk 支持基于报文的 IP 地址或 MAC 地址来进行负载分担,常见的模式有源 IP、源 MAC、目的 IP、目的 MAC、源目 IP、源目 MAC。实际业务中用户需要根据业务流量特征选择配置合适的负载分担方式。业务流量中某种参数变化越频繁,选择与此参数相关的负载分担方式就越容易实现负载均衡。

 链路聚合配置常用命令

1. 创建链路聚合组

interface eth-trunk *trunk-id*

配置链路聚合模式创建 Eth-Trunk 接口,并进入 Eth-Trunk 接口视图。

2. 配置链路聚合模式

mode {lacp/manual}

配置链路聚合模式为LACP模式或手工模式。

3. 以太网接口视图下将接口加入链路聚合组

eth-trunk *trunk-id*

在以太网接口视图下,把接口加入到 Eth-Trunk 中。

4. Eth-Trunk 视图中将接口加入链路聚合组

```
trunkport interface-type interface-number
```

在 Eth-Trunk 视图中,将接口加入到链路聚合组中。

5. 使能允许不同速率接口加入同一 Eth-Trunk 接口的功能

```
mixed-rate link enable
```

默认情况下,设备未使能允许不同速率接口加入同一 Eth-Trunk 接口的功能,只能将相同速率的接口加入到同一个 Eth-Trunk。

6. 配置系统 LACP 优先级

```
lacp priority priority
```

系统 LACP 优先级值越小优先级越高,默认情况下,系统 LACP 优先级为 32 768。

7. 配置接口 LACP 优先级

```
lacp priority priority
```

在接口视图下配置接口 LACP 优先级。默认情况下,接口的 LACP 优先级是 32 768。接口优先级取值越小,接口的 LACP 优先级越高。

8. 配置最大活动接口数

```
max active-linknumber number
```

9. 配置最小活动接口数

```
least active-linknumber number
```

本端和对端设备的活动接口数下限阈值可以不同,手动模式、LACP 模式都支持配置最小活动接口数。配置最小活动接口数目的是为了保证最小带宽,当前活动链路数目小于下限阈值时,Eth-Trunk 接口的状态转为 Down。

项目设计

以太网链路聚合配置由六部分组成:第一部分搭建项目环境,配置终端计算机的 IP 地址等信息;第二部分按照 LACP 模式配置链路聚合;第三部分创建 VLAN,基于 GVRP 创建 VLAN;第四部分基于接口划分 VLAN;第五部分配置 VLANIF 接口,实现 VLAN 间的通信;第六部分结果验证,终端能互相 ping 通。主机的 IP 地址与 VLAN ID 划分见表 7-1。

表 7-1 主机的 IP 地址与 VLAN ID 划分

计算机名	IP 地址	VLAN ID	网关
PC1	192.168.10.1/24	10	192.168.10.254/24
PC2	192.168.20.1/24	20	192.168.20.254/24
Server	192.168.30.1/24	30	192.168.30.254/24

项目实施与验证

以太网链路聚合的配置思路流程图如图 7-9 所示。

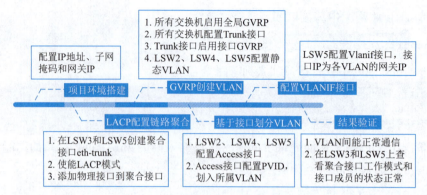

图 7-9 以太网链路聚合配置思路流程图

一、搭建项目环境

配置终端 IP 地址。在 eNSP 中双击 PC1，打开对话框图 7-10 所示，配置 PC1 的 IP 地址等信息。按照同样的方法，分别配置好表 7-1 所示网络中的其他计算机的 IP 地址等信息。

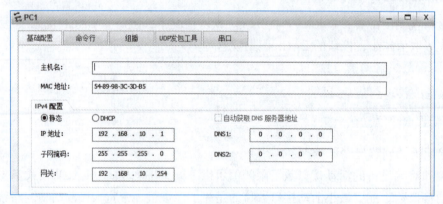

图 7-10 配置 PC1 的 IP 地址

二、LACP 模式配置链路聚合

在 LSW3 和 LSW5 中使用 LACP 模式配置链路聚合，创建聚合接口 Eth-Trunk1，并把 Ethernet 0/0/1 和 Ethernet0/0/2 接口加入聚合口，LSW5 为主控板。LSW3 上的配置如下：

```
[LSW3]int Eth-Trunk 1
[LSW3-Eth-Trunk1]mode lacp
[LSW3-Eth-Trunk1]max active-linknumber 2
[LSW3-Eth-Trunk1]trunkport GigabitEthernet 0/0/1 to 0/0/2
```

LSW5 上的配置如下：

```
[LSW5]int Eth-Trunk 1
[LSW5-Eth-Trunk1]mode lacp
[LSW5-Eth-Trunk1]max active-linknumber 2
[LSW5-Eth-Trunk1]trunkport GigabitEthernet 0/0/1 to 0/0/2
[LSW5-Eth-Trunk1]quit
[LSW5]lacp priority 30000
```

三、配置 GVRP 创建 VLAN

1. 配置 Trunk 接口并开启交换机 GVRP 功能

在所有交换机上配置 Trunk 接口并开启设备 GVRP 功能，下面以交换机 LSW2 为例介绍配置 Trunk 接口并开启交换机 GVRP 功能的流程。首先使能交换机 LSW2 全局 GVRP 功能，然后确定交换机 LSW2 的 Trunk 接口并允许相应 VLAN 或全部 VLAN 通过：交换机 LSW2 接口 E 0/0/1 和 E 0/0/2 分别与交换机 LSW1 和 LSW3 相连接，是 Trunk 接口，设置 Trunk 接口允许所有 VLAN ID 通过，最后在 Trunk 接口上使能接口 GVRP 功能完成配置。LSW2 配置命令如下所示：

```
[LSW2]gvrp                                      // 使能全局 GVRP 功能
[LSW2]interface Ethernet 0/0/1
[LSW2-Ethernet0/0/1]port link-type trunk
[LSW2-Ethernet0/0/1]port trunk allow-pass vlan all
[LSW2-Ethernet0/0/1]gvrp                        // 使能接口 GVRP 功能
[LSW2-Ethernet0/0/1]quit
[LSW2]interface Ethernet 0/0/2
[LSW2-Ethernet0/0/2]port link-type trunk
[LSW2-Ethernet0/0/2]port trunk allow-pass vlan all
[LSW2-Ethernet0/0/2]gvrp
[LSW2-Ethernet0/0/2]quit
```

交换机 LSW4 和 LSW2 所接接口一样，其配置 Trunk 接口并开启设备 GVRP 功能的配置命令与 LSW2 一样，这里不再赘述。

交换机 LSW1 配置 Trunk 接口并开启设备 GVRP 功能的配置命令如下：

```
[LSW1]gvrp
[LSW1]interface Ethernet 0/0/1
[LSW1-Ethernet0/0/1]port link-type trunk
[LSW1-Ethernet0/0/1]port trunk allow-pass vlan all
[LSW1-Ethernet0/0/1]gvrp
[LSW1-Ethernet0/0/1]quit
[LSW1]interface Ethernet 0/0/2
[LSW1-Ethernet0/0/2]port link-type trunk
[LSW1-Ethernet0/0/2]port trunk allow-pass vlan all
[LSW1-Ethernet0/0/2]gvrp
[LSW1-Ethernet0/0/2]quit
```

交换机 LSW3 配置 Trunk 接口并开启设备 GVRP 功能的配置命令如下：

```
[LSW3]gvrp
[LSW3]interface Ethernet 0/0/1
[LSW3-Ethernet0/0/1]port link-type trunk
[LSW3-Ethernet0/0/1]port trunk allow-pass vlan all
[LSW3-Ethernet0/0/1]gvrp
[LSW3-Ethernet0/0/1]quit
```

```
[LSW3]interface Ethernet 0/0/2
[LSW3-Ethernet0/0/2]port link-type trunk
[LSW3-Ethernet0/0/2]port trunk allow-pass vlan all
[LSW3-Ethernet0/0/2]gvrp
[LSW3-Ethernet0/0/2]quit
[LSW3]int Eth-Trunk 1
[LSW3-Eth-Trunk1]port link-type trunk
[LSW3-Eth-Trunk1]port trunk allow-pass vlan 10 20 30
[LSW3-Eth-Trunk1]gvrp
[LSW3-Eth-Trunk1]quit
```

交换机 LSW5 配置 Trunk 接口并开启设备 GVRP 功能的配置命令如下：

```
[LSW5]gvrp
[LSW5-Eth-Trunk1]int Eth-Trunk 1
[LSW5-Eth-Trunk1]port link-type trunk
[LSW5-Eth-Trunk1]port trunk allow-pass vlan 10 20 30
[LSW5-Eth-Trunk1]gvrp
[LSW5-Eth-Trunk1]quit
```

2. 接入交换机 LSW2、LSW4 和 LSW5 手动创建静态 VLAN

在接入交换机 LSW2、LSW4 和 LSW5 批量创建 VLAN，VLAN ID 为 10、20、30。LSW4 和 LSW5 手动创建静态 VLAN 的命令与 LSW2 上一致，这里不再赘述。

LSW2 上批量创建 VLAN 命令：

```
[LSW2]vlan batch 10 20 30
```

3. VLAN 信息查看

VLAN 创建信息使用 display vlan 命令查看。LSW2 的 VLAN 信息查询结果如下所示：

```
[LSW2]dis vlan
The total number of vlans is : 4
--------------------------------------------------------------
U: Up;         D: Down;          TG: Tagged;          UT: Untagged;
MP: Vlan-mapping;                ST: Vlan-stacking;
#: ProtocolTransparent-vlan;     *: Management-vlan;
--------------------------------------------------------------
1    common  UT:Eth0/0/1(U)   Eth0/0/2(U)    Eth0/0/4(D)    Eth0/0/5(D)
             Eth0/0/6(D)      Eth0/0/7(D)    Eth0/0/8(D)    Eth0/0/9(D)
             Eth0/0/10(D)     Eth0/0/11(D)   Eth0/0/12(D)   Eth0/0/13(D)
             Eth0/0/14(D)     Eth0/0/15(D)   Eth0/0/16(D)   Eth0/0/17(D)
             Eth0/0/18(D)     Eth0/0/19(D)   Eth0/0/20(D)   Eth0/0/21(D)
             Eth0/0/22(D)     GE0/0/1(D)     GE0/0/2(D)
10   common  TG:Eth0/0/1(U)   Eth0/0/2(U)
20   common  TG:Eth0/0/1(U)   Eth0/0/2(U)
30   common  TG:Eth0/0/1(U)   Eth0/0/2(U)
```

从查询结果可知创建出三个类型为 common 的静态 VLAN。

LSW4 的 VLAN 信息查询结果与 LSW2 一致，不再列出 LSW4 查询结果。

交换机 LSW1 的 VLAN 信息查询结果如下所示：

```
[LSW1]dis vlan
The total number of vlans is : 4
--------------------------------------------------------
U: Up;         D: Down;         TG: Tagged;         UT: Untagged;
MP: Vlan-mapping;                ST: Vlan-stacking;
#: ProtocolTransparent-vlan;     *: Management-vlan;
--------------------------------------------------------
1    common  UT:Eth0/0/1(U)    Eth0/0/2(U)    Eth0/0/3(D)    Eth0/0/4(D)
              Eth0/0/5(D)      Eth0/0/6(D)    Eth0/0/7(D)    Eth0/0/8(D)
              Eth0/0/9(D)      Eth0/0/10(D)   Eth0/0/11(D)   Eth0/0/12(D)
              Eth0/0/13(D)     Eth0/0/14(D)   Eth0/0/15(D)   Eth0/0/16(D)
              Eth0/0/17(D)     Eth0/0/18(D)   Eth0/0/19(D)   Eth0/0/20(D)
              Eth0/0/21(D)     Eth0/0/22(D)   GE0/0/1(D)     GE0/0/2(D)
10   dynamic TG: Eth0/0/1(U)   Eth0/0/2(U)
20   dynamic TG: Eth0/0/1(U)   Eth0/0/2(U)
30   dynamic TG: Eth0/0/1(U)   Eth0/0/2(U)
```

从查询结果可知交换机 LSW1 学习到了三个类型为 dynamic 的动态 VLAN，其 Trunk 接口 Ethernet 0/0/1 和 Ethernet 0/0/2 已经加入动态 VLAN 中。

LSW3 的 VLAN 信息查询结果如下所示：

```
[LSW3]dis vlan
The total number of vlans is : 4
--------------------------------------------------------
U: Up;         D: Down;         TG: Tagged;         UT: Untagged;
MP: Vlan-mapping;                ST: Vlan-stacking;
#: ProtocolTransparent-vlan;     *: Management-vlan;
--------------------------------------------------------

VID  Type     Ports
--------------------------------------------------------
1    common  UT:Eth0/0/1(U)    Eth0/0/2(U)    Eth0/0/3(D)    Eth0/0/4(D)
              Eth0/0/5(D)      Eth0/0/6(D)    Eth0/0/7(D)    Eth0/0/8(D)
              Eth0/0/9(D)      Eth0/0/10(D)   Eth0/0/11(D)   Eth0/0/12(D)
              Eth0/0/13(D)     Eth0/0/14(D)   Eth0/0/15(D)   Eth0/0/16(D)
              Eth0/0/17(D)     Eth0/0/18(D)   Eth0/0/19(D)   Eth0/0/20(D)
              Eth0/0/21(D)     Eth0/0/22(D)   Eth-Trunk1(U)
10   dynamic TG:Eth0/0/1(U)    Eth-Trunk1(U)
20   dynamic TG:Eth0/0/1(U)    Eth-Trunk1(U)
30   dynamic TG:Eth0/0/1(U)    Eth-Trunk1(U)
```

从查询结果可知交换机 LSW3 学习到了三个类型为 dynamic 的动态 VLAN，其 Trunk

接口 Ethernet 0/0/1 和 Eth-Trunk1 已经加入动态 VLAN 中。但是由于 Ethernet 0/0/2 接口阻塞，未加入动态 VLAN。

LSW5 的 VLAN 信息查询结果如下所示：

```
[LSW5] dis vlan
The total number of vlans is : 4
----------------------------------------------------------
U: Up;         D: Down;         TG: Tagged;         UT: Untagged;
MP: Vlan-mapping;                ST: Vlan-stacking;
#: ProtocolTransparent-vlan;     *: Management-vlan;
----------------------------------------------------------
VID  Type    Ports
----------------------------------------------------------
1    common  UT:GE0/0/4(D)   GE0/0/5(D)    GE0/0/6(D)    GE0/0/7(D)
             GE0/0/8(D)      GE0/0/9(D)    GE0/0/10(D)   GE0/0/11(D)
             GE0/0/12(D)     GE0/0/13(D)   GE0/0/14(D)   GE0/0/15(D)
             GE0/0/16(D)     GE0/0/17(D)   GE0/0/18(D)   GE0/0/19(D)
             GE0/0/20(D)     GE0/0/21(D)   GE0/0/22(D)   GE0/0/23(D)
             GE0/0/24(D)     Eth-Trunk1(U)
10   common  TG:Eth-Trunk1(U)
20   common  TG:Eth-Trunk1(U)
30   common  TG:Eth-Trunk1(U)
```

从查询结果可知交换机 LSW5 学习到了三个类型为 dynamic 的动态 VLAN，其 Trunk 接口 Eth-Trunk1 已经加入动态 VLAN 中。

四、基于接口划分 VLAN

接入交换机 LSW2 和 LSW4 的接口 Ethernet 0/0/3，LSW5 接口 GE 0/0/3 是 Access 接口，把接口加入对应的 VLAN，配置命令如下：

```
# 以下是 LSW2 配置命令
[LSW2]interface Ethernet 0/0/3
[LSW2-Ethernet0/0/3]port link-type access
[LSW2-Ethernet0/0/3]port default vlan 10
# 以下是 LSW4 配置命令
[LSW4]interface Ethernet 0/0/3
[LSW4-Ethernet0/0/3]port link-type access
[LSW4-Ethernet0/0/3]port default vlan 20
# 以下是 LSW5 配置命令
[LSW5]interface GigabitEthernet 0/0/3
[LSW5- GigabitEthernet0/0/3]port link-type access
[LSW5- GigabitEthernet0/0/3]port default vlan 30
```

五、配置 VLANIF 接口

在核心交换机 LSW5 上配置各 VLAN 的网关。

```
[LSW5]int Vlanif 10
[LSW5-Vlanif10]ip address 192.168.10.254 24
[LSW5]int Vlanif 20
[LSW5-Vlanif20]ip address 192.168.20.254 24
[LSW5]int Vlanif 30
[LSW5-Vlanif30]ip address 192.168.30.254 24
```

VLAN 间连通性检测，在 PC1 上分别 ping 其他两个 VLAN 中的计算机 PC2 和 Server，结果如图 7-11 所示。从图中可知 LSW5 实现 VLAN 间通信。

```
PC>ping 192.168.20.1

Ping 192.168.20.1: 32 data bytes, Press Ctrl_C to break
From 192.168.20.1: bytes=32 seq=1 ttl=127 time=109 ms
From 192.168.20.1: bytes=32 seq=2 ttl=127 time=110 ms
From 192.168.20.1: bytes=32 seq=3 ttl=127 time=125 ms
From 192.168.20.1: bytes=32 seq=4 ttl=127 time=109 ms
From 192.168.20.1: bytes=32 seq=5 ttl=127 time=125 ms
```

（a）PC1 与 PC2 连通性检测结果

```
PC>ping 192.168.30.1

Ping 192.168.30.1: 32 data bytes, Press Ctrl_C to break
From 192.168.30.1: bytes=32 seq=1 ttl=254 time=78 ms
From 192.168.30.1: bytes=32 seq=2 ttl=254 time=79 ms
From 192.168.30.1: bytes=32 seq=3 ttl=254 time=93 ms
From 192.168.30.1: bytes=32 seq=4 ttl=254 time=63 ms
From 192.168.30.1: bytes=32 seq=5 ttl=254 time=78 ms
```

（b）PC1 与 Server 连通性检测结果

图 7-11　VLAN 间通信检测

六、结果验证

在 LSW3 和 LSW5 上输入聚合链路查看命令 display eth-trunk 1，查看 eth-trunk 1 的接口配置信息。LSW3 的结果：eth-trunk 1 的工作模式是 STATIC，接口成员的状态是 Selected，本端 LACP Priority 的值是 32 768，对端接口的 LACP Priority 的值是 30 000，是聚合链路的发起端。LSW5 与 LSW3 结果一致，不再赘述。

```
[LSW3]dis eth-trunk 1
Eth-Trunk1's state information is:
Local:
LAG ID: 1                        WorkingMode: STATIC
Preempt Delay: Disabled          Hash arithmetic: According to SIP-XOR-DIP
System Priority: 32768           System ID: 4c1f-cc3f-30b9
Least Active-linknumber: 1       Max Active-linknumber: 2
Operate status: up               Number Of Up Port In Trunk: 2
--------------------------------------------------------------------
ActorPortName          Status    PortType PortPri PortNo PortKey PortState Weight
GigabitEthernet0/0/1   Selected  1GE      32768   2      305     10111100  1
GigabitEthernet0/0/2   Selected  1GE      32768   3      305     10111100  1


Partner:
--------------------------------------------------------------------
```

ActorPortName	SysPri	SystemID	PortPri	PortNo	PortKey	PortState
GigabitEthernet0/0/1	30000	4c1f-cc7a-2f79	32768	2	305	10111100
GigabitEthernet0/0/2	30000	4c1f-cc7a-2f79	32768	3	305	10111100

拓展学习

以太网链路聚合将多个以太网接口绑定在一起，形成一个逻辑上的超级接口，从而提供更高的带宽和更好的容错性。在未来，我们将面临许多挑战和机遇。如果我们能够像以太网链路聚合一样，将各自的力量和智慧凝聚在一起，形成一个强大的集体，就有能力应对各种挑战和机遇，共创美好的未来。

在团队合作中信任是团队协作的基础，我们应该真诚待人，不欺骗、不隐瞒，让彼此之间有信任感。尊重团队成员的观点、想法和意见，不随意贬低或否定他人的想法。在工作中，要勇于承担自己的责任，不推卸责任，建立团队成员之间的信任。

有效沟通是团队协作的重要环节，在沟通之前，要明确沟通的目标和内容，避免沟通偏离主题或目标。在沟通时，要认真倾听他人的意见和建议，理解他人的想法和立场，在表达自己的意见和想法时，要用简洁明了的语言，避免含糊不清的表达。

互相支持是团队协作的重要精神，关心团队成员的工作和生活状况，及时提供帮助和支持。分享自己的知识和经验，与团队成员共同成长和进步，相互学习和借鉴，不断提高自己的能力和水平。

明确的目标和分工是团队协作的核心和关键。在团队工作中，要制定明确、具体的工作目标，并将整体目标分解为具体的任务和步骤。根据团队成员的能力和特点，合理分配工作任务，明确自己的工作范围和职责，避免出现工作重叠或遗漏。

最后，尊重多样性是团队协作的重要原则。尊重团队成员的不同观点和意见，接纳并理解彼此之间的差异。平等对待他人，不因性别、年龄、背景等因素歧视或排斥任何人，只有当团队成员之间尊重彼此的差异和个性时，才能更好地进行合作。

每个人的力量和智慧都是有限的，但是当我们团结一心、共同合作时，我们的力量就会变得强大无比。我们可以共同攻克难题、创造机会、实现梦想。

习 题

1. 什么是以太网链路聚合？作用是什么？
2. 建立交换机之间绑定奇数个接口的以太网通道。

项目 8

路由器初始配置

【知识目标】
（1）理解路由器的基本功能。
（2）掌握路由器的各种接口的功能和方法。
（3）掌握路由器的连接方法。
（4）掌握路由器的初始配置命令。

【技能目标】
具备完成路由器初始配置和通过远程网络管理路由器的能力。

【素养目标】
通过华为路由器的发展历程，培养民族自信心和爱国之情。

视频●
路由器初始配置

项目描述

A公司新购置了四台新AR2220路由器和相应网络模块、连接线缆，搭建一个具有典型应用的网络实验环境。为了方便对这批路由器上机架配置管理，需要对它们进行初始配置。

由于路由器本身不带输入输出设备如键盘、显示器，只有通过终端设备来实现对其网络操作系统的访问，从而对其进行配置和管理。路由器初始配置网络拓扑图如图8-1所示。

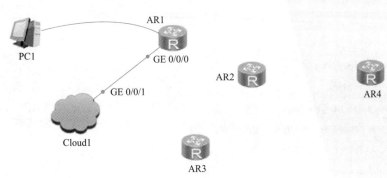

图 8-1　路由器初始配置网络拓扑图

知识链接

一、路由器概述

路由器（router）是连接两个或多个网络的硬件设备，工作在网络层，是通过读取数据包中的 IP 地址实现数据转发的网络设备。

路由器的核心作用是网络互联和数据转发。路由器支持各种局域网和广域网接口，主要用于互连局域网和广域网，实现不同网络互相通信；路由器中保存着一张路由表（routing table），路由器根据路由表来做传输路径的选择，实现数据转发。

路由器可以根据功能、结构和网络位置来分类。功能上可以划分主干级、企业级和接入级路由器。主干级路由器数据吐量较大且重要，是企业级网络实现互联的关键，要求高速度及高可靠性。企业级路由器连接对象为许多终端系统，简单且数据流量较小，结构上可以划分为模块化路由器和非模块化路由器。模块化路由器可以实现路由器的灵活配置，适应企业的业务需求；非模块化路由器只能提供固定单一的接口。网络所处位置上可以划分为边界路由器和中间节点路由器。在广域网范围内的路由器按其转发报文的性能可以分为两种类型，边界路由器和中间节点路由器。

路由器主要由 CPU、ROM、SDRAM、FLASH 和 NVRAM 组成。CPU 是路由器的中央处理器，实现高速的数据传输。ROM 存储路由器加电自检、启动程序和操作系统软件的备份，相当于计算机的 BIOS。SDRAM 是系统运行内存，与计算机的内存相似，运行操作系统和配置文件。FLASH 用于存储路由设备操作系统、配置文件和系统文件，用于对路由器操作系统进行升级。NVRAM 为非易失存储器，存储日志、路由器的启动配置文件。NVRAM 是可擦写的，可将路由器的配置信息复制到 NVRAM 中。

二、Quidway AR2200 系列路由器

AR2200 系列路由器是秉承华为在数据通信领域的深厚积累，依托自主知识产权 VRP 平台推出的面向企业及分支机构的新一代网络产品。AR2200 系列路由器集路由、交换、语音、安全等功能于一身，采用嵌入式硬件加密、多核 CPU 和无阻塞交换架构，支持语音的数字信号处理器、防火墙、呼叫处理、语音信箱以及应用程序服务，覆盖业界应用较广泛的有线和无线连接模式，凭借领先于业界的系统性能和可扩展能力，充分满足未来业务扩展的多元化应用需求，提供一体化的解决方案。其主要技术指标见表 8-1。

表 8-1 AR2200 系列的主要技术参数

参数详情		
型　　号	AR2220E-S	AR2240C-S
带 机 量	400～800 台 PC	800～1 200 台 PC
转发性能	9 Mpps	10～25 Mpps
固定以太网端口	3×GE（1×Combo）	4×GE + 4×GE 光 + 2×GE Combo
IPv4 单播路由	路由策略，静态路由，RIP，OSPF，IS-IS，BGP	
IPv6 单播路由	路由策略，静态路由，RIP，OSPFv3，IS-ISv6，BGP4+	

续表

参数详情	
组播功能	IGMPVl/V2/V3、PIMSM、PIM DM、MSDP
网络管理	升级管理、设备管理、Web网管、GTL、SNMP、RMON、RMON2、NTP、CWMP、Auto-Config、U盘开局、NetConf
网络安全	ACL、基于域的状态防火墙、802.1x认证、MAC认证、Portal认证、AAA、RADIUS、HWTACACS、广播风暴抑制、ARP安全、ICMP反攻击、URPF、CPCAR、黑名单、上网行为管理、IPS、URL过滤、文件过滤

三、路由器接口

AR2200 系列路由器支持多种接口卡，包括以太网接口卡、E1/T1/PRI/VE1/VT1 接口卡、同异步接口卡、ADSL2+/G.SHDSL 接口卡、FXS/FXO 语音卡、ISDN 接口卡、CPOS 接口卡等。下面对控制口、同异步接口和以太网接口进行介绍。

1. 控制口

控制口是串行接口，在设备主控板上可以看到 Console 接口，使用控制线缆连接控制口和输入输出设备，对路由器进行本地配置，工作在异步工作模式。

2. 以太网接口

以太网接口工作在 10/100 Mbit/s 或 10/100/1 000 Mbit/s 速度下，能实现自适应，提供二、三层以太交换能力，完成路由器与局域网的通信。以太网接口卡的外观如图 8-2（a）所示。

3. 同异步接口

同异步接口可以工作在同步方式或异步方式下，常用的工作方式是同步方式，完成广域网接入。同异步接口卡的外观如图 8-2（b）所示。

（a）以太网接口卡　　　　　　　　（b）串口接口卡

图 8-2　同异步接口卡

4. 路由器接口编号

路由器采用"槽位号/子卡号/接口序号"定义接口。槽位号表示单板所在的槽位号。路由器各单板都不支持子卡，子卡号统一取值为 0。接口序号表示单板上各接口的编排顺序号。接口板面板上只有一排接口，最左侧接口从 0 起始编号，其他接口从左到右依次递增编号，如图 8-3（a）所示。接口板面板上有两排接口，左下接口从 0 起始编号，其他接口从下到上，再从左到右依次递增编号，如图 8-3（b）所示。

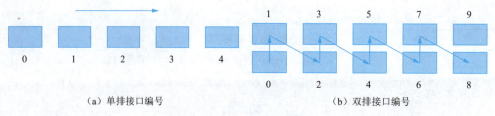

图 8-3　接口编号规则

四、路由器配置方式

华为路由器可以使用 Console 口、Telnet、Web 和 FTP 这四种配置方法配置路由器。当在计算机上使用 Telnet 或 Web 方式配置路由器时，必须首先配置路由器连接计算机所属网络的局域网接口和 Telnet 口令。例如，假设配置计算机的 IP 地址为 192.168.1.1/24，路由器连接该计算机所属网络接口的 IP 地址必须属于 192.168.1.0/24 网段，这个地址也是配置计算机所在网络的网关。

在配置完路由器后，需要检查它们的工作是否正常。一些常用路由器上最好的排错和检测命令是 ping、traceroute 和 telnet。另外，VRP 提供了 display 命令，display 命令的基本功能是显示路由器正在做什么或者路由器配置的信息。工程师可以用此命令检查路由器当前的运行状态。

通过查看当前的运行配置文件，若发现有配置错误，对于简单的问题，可以选择重新输入命令来覆盖旧的配置命令。例如，配置路由器主机名就可以采用这种方式，这是因为路由器只能有一个主机名。更多情况是在相同的配置模式下，在相同的命令前加一个 undo 来去掉原有配置。

如果发现配置错误比较复杂，并且已经把当前运行配置文件保存到了 NVRAM 中，为了快速地重新配置，可以在用户视图下执行 reset saved-configuration 命令，然后重启路由器，进而重新开始配置。在配置 reset saved-configuration 命令后，重启设备时请选择不保存当前配置文件。清除和重新配置的信息只能在设备重新启动后生效，当前配置不变。

路由器初始配置常用命令

1. 配置路由器名

sysname *name*

2. 清除路由器配置文件

reset *saved-configuration*

3. 配置 IP 地址

ip address *ip mask*

4. 重启路由器

reboot

项目设计

路由器初始配置主要分为四部分：第一部分是添加路由器模块；第二部分是完成路由器之间连接；第三部分是采用 Console 配置方式配置路由器 AR1 的名称、远程管理 IP 地址以及配置 Telnet 认证方式；第四部分采用 Telnet 方式登录到 AR1，验证 AR1 的远程管理功能。

在图 8-1 中，AR1、AR2、AR3 和 AR4 用串口线连接完成第一部分内容，路由器之间具体连接方式见表 8-2。PC1、Cloud1、Console 线缆和 AR1 完成第二、三部分内容配置。

表 8-2 路由器连接方式表

设备型号	设备1名称	设备1接口	设备2接口	设备2名称
AR2220	AR1	Serial 1/0/0	Serial 1/0/0	AR2
AR2220	AR3	Serial 1/0/0	Serial 1/0/1	AR2
AR2220	AR4	Serial 1/0/0	Serial 2/0/0	AR2

以初始配置一台全新的 AR2220 即图 8-1 中的 AR1 为例，设计路由器名为 sziit-R01，设计路由器的 GE0/0/0 接口 IP 地址为 192.168.10.2/24。配置 Telnet 的登录方式为 AAA 模式，设置 AAA 模式新增用户名为 user01，用户 user01 的级别为 15，登录密码为 HWei_123。表 8-2 给出了路由器 AR1、AR2 和 AR3 之间连接使用的接口，表 8-3 给出了 AR1 初始配置详细设计参数。

表 8-3 AR1 初始化配置参数

本地环回网卡	IP 地址	192.168.10.1/24	
AR1	GE0.0.0 IP 地址	192.168.10.2/24	
AR1	设备名称	sziit-R01	
AR1	Telnet 登录	AAA 认证方式	用户：user01
			密码：HWei_123

项目实施与验证

路由器初始配置思路流程图如图 8-4 所示。

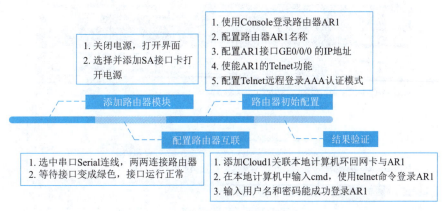

图 8-4 路由器初始配置思路流程图

一、添加路由器模块

新购买的路由器的广域网模块默认是空的,在搭建网络环境时,需要添加所需要的模块和接口。选中路由器,右击,在弹出的快捷菜单中选择设置,得到图 8-5 所示的路由器视图界面。界面下方显示了 eNSP 支持的路由器接口卡以及接口卡的接口说明;界面上方显示了路由器面板实物图片。从面板上可以知道路由器当前只有三个 GE 口。

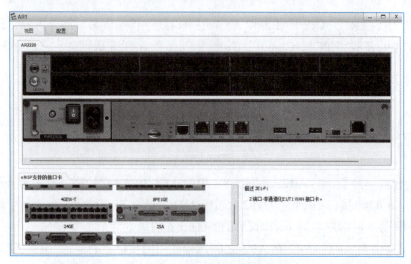

图 8-5　路由器视图界面

eNSP 中的路由器默认状态是关闭电源。与实际路由器一样,路由器必须在断电的情况下才能添加接口模块。单击路由器的开关,开关的信号灯熄灭,表示路由器处于断电状态,这时就可以添加网络模块或接口。路由器之间连接所用的接口是 Serial,根据路由器接口标识规则,先选择再添加 SA 接口卡。选中图 8-6 中的 2SA 模块,按住鼠标左键拖动,把该模块拖到界面上方合适的插槽中,再单击路由器电源开关,这时开关的信号灯点亮,表示开启路由器。图 8-6 即为插入两个 SA 模块后的示例。此时,路由器新增加了四个接口,分别为 Serial1/0/0、Serial1/0/1、Serial2/0/0 和 Serial2/0/1。用同样的方法为其他三台路由器按照表 8-2 添加其他设备的 Serial 接口。

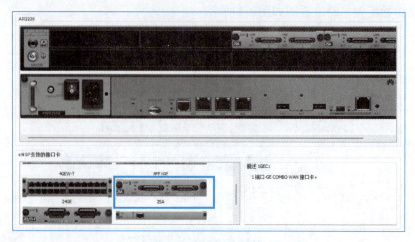

图 8-6　添加 SA 模块

如果发现选错了路由器接口，则必须在路由器断电的情况下，用鼠标把已插入的接口卡拖动到下方的接口卡区，如果不关闭路由器的电源，该接口不能移走。

二、配置路由器互联

在 eNSP 中的设备连线区，选中串口 Serial 连线，按照表 8-2 将路由设备两两连接起来。连接完成后，等待路由器操作系统完成启动，接口变成绿色后，表示接口运行正常。图 8-7 所示为路由器互联后拓扑图。

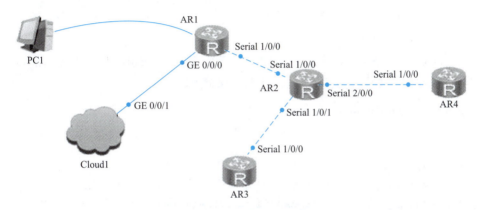

图 8-7 路由器互联后拓扑图

三、Console 方式配置路由器初始配置

1. 配置路由器名称

单击 PC1，在打开的窗口下选择串口，并按照图 8-8 所示配置波特率等参数，选择"连接"。当屏幕区出现 <Huawei> 字样表示已经连接上路由器 AR1。

图 8-8 Console 连接成功

为了方便管理，对全新的路由器配置全网唯一的名称，指定有意义的路由器名称可以提高系统日志的易用性，修改路由器名称命令如下：

```
<Huawei>system-view
[Huawei]sysname sziit-R01
[sziit-R01]                                    // 路由器修改名称成功
```

2. 配置路由器接口 IP 地址

进入接口视图，配置接口 GE 0/0/0 的 IP 地址为 192.168.10.2/24，此接口作为路由器的管理 IP 地址，用户通过此接口远程 Telnet 登录到 sziit-R01，其配置命令如下：

```
[sziit-R01]interface GigabitEthernet 0/0/0
[sziit-R01-GigabitEthernet0/0/0]ip address 192.168.10.2 24
```

3. 使能 Telnet 功能

```
[sziit-S01]telnet server enable
```

4. 配置 Telnet 远程登录

配置 Telnet 远程登录认证模式为 AAA，配置用户名为 user01、用户密码 HWei_123 及管理权限。AAA 认证配置完成后输入 save 命令保存退出。

```
[sziit-R01]user-interface vty 0 4
[sziit-R01-ui-vty0-4]authentication-mode aaa
[sziit-R01-ui-vty0-4]quit
[sziit-R01]aaa
[sziit-R01-aaa]local-user user01 password cipher HWei_123
[sziit-R01-aaa]local-user user01 privilege level 15
[sziit-R01-aaa]return
<sziit-R01>save
  The current configuration will be written to the device.
  Are you sure to continue? (y/n)[n]:y
  It will take several minutes to save configuration file, please wait........
  Configuration file had been saved successfully
```

四、结果验证

配置 Telnet 远程访问路由器 AR1 时，因 eNSP 模拟器中的计算机 PC 不能使用 Telnet 命令，所以使用本地真实计算机代替 eNSP 中 PC 远程登录到 AR1。在 eNSP 中添加一个桥接专用的 Cloud1，此 Cloud1 一端关联到真实计算机环回网卡，另一端连接到 LSW1，它是 eNSP 模拟器和真实计算机之间的桥梁，实现用户计算机 Telnet 远程登录到路由器。

打开真实计算机的 cmd，输入 Telnet 命令 telnet 192.168.10.2，登录到 AR1。在弹出的界面输入用户名 user01 和密码 HW_123，出现 <sziit-R01> 表示连接成功，图 8-9 显示了登录成功界面。

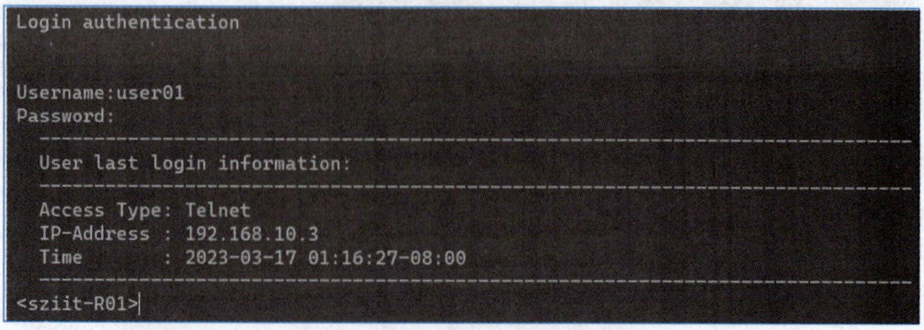

图 8-9 本地端 telnet 登录界面

拓展学习

华为，一个全球知名的科技品牌，近年来在多个领域取得了显著的成绩，尤其是在万物互联产品和通信设备方面。从华为手机到华为手表、眼镜、智慧屏和智能门锁等，华为的新品发布引起了消费者的广泛关注。除了这些广为人知的产品外，华为路由器的全球销量突破1亿台的消息，也由华为官方正式宣布，这标志着华为在通信设备领域的又一重要成就。

华为路由器的发展历程可以追溯到2015年，首款家用路由器的发布标志着华为在这一领域的起步。华为在路由器技术上不断取得突破，如2016年推出的子母路由器、2018年的电力线组网技术、2020年的AX3路由器国内销量登顶、2022年的PLC2.0技术，以及2023年推出的首款WIFI7路由器。这些技术的发展和创新，不仅提升了华为路由器的性能，也推动了整个行业的技术进步。

除了路由器，华为在芯片设计领域也取得了显著的成就。华为的麒麟芯片是其手机的核心组件，也是许多消费者选择华为手机的重要原因。随着华为新机的发布逐渐常态化，麒麟芯片的设计和生产能力也在逐步恢复，这表明华为在芯片领域的技术实力和生产能力已经得到了显著的提升。

在操作系统方面，华为的鸿蒙操作系统经过多年的发展，已经从最初的兼容安卓App，发展到了独立操作系统的阶段。鸿蒙星河版的发布，标志着华为在操作系统领域迈出了重要一步。鸿蒙操作系统不仅适用于手机，还将覆盖PC端、智慧屏、可穿戴设备、智能眼镜、耳机、家电等所有万物互联的设备，构建了一个完整的生态系统。

华为的发展历程，是一部不断创新和突破的历史。从路由器的全球销量突破1亿台，到麒麟芯片的设计和生产能力的恢复，再到鸿蒙操作系统的发展和完善，华为在科技领域的每一步都充满了挑战和机遇。华为的成功，不仅仅是技术上的突破，更是对创新精神的坚持和对消费者需求的深刻理解。

华为在科技领域的发展潜力依然巨大，无论是即将发布的新路由器产品，还是麒麟芯片和鸿蒙操作系统的进一步发展，华为都将继续以其创新精神和卓越技术，为消费者带来更多优质的产品和服务。让我们拭目以待，期待华为在科技领域的新篇章。

习 题

1. 简述路由器的组成。
2. 路由器的基本功能有哪些？
3. 路由器的接口标识规则是什么？

项目 9

网络环境管理

【知识目标】
（1）掌握路由器配置文件的管理方法。
（2）掌握 FTP 配置命令。

【技能目标】
（1）具备配置 FTP 远程访问路由器的能力。
（2）具备使用 FTP 管理路由器的能力。

【素养目标】
（1）通过网络排错技巧，培养排查问题、解决问题的能力。
（2）通过数据传输技术发展史，培养技术的前瞻能力。

项目描述

视频
网络环境管理

公司路由器需要进行升级操作，网络拓扑结构如图 9-1 所示，工程师准备将路由器 AR1 作为 FTP 服务器，从终端 PC 将系统软件上传至路由器 AR1，并将该系统软件保存到路由器 AR1 的备份目录下。同时路由器作为 FTP 客户端，备份当前路由器的配置文件，上传到远端的 FTP 服务器 Server1 上，从 Server1 下载该配置文件，并配置路由器下次启动时使用该配置文件。注意配置路由器时，如果配置文件未保存，使用 dir 查看目录下文件时，查询不到 vrpcfg.zip。

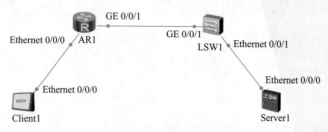

图 9-1　网络拓扑结构图

知识链接

一、网络工程项目文档化工作

网络工程师应该对网络工程项目开展文档化工作。这其中的文档应该包括工程绘图，用来显示物理安装、带子网的逻辑IP拓扑图、从电信运营商租用线路的线路图等。文件中还应该包括存储在服务器上的所有路由器和交换机的配置文件备份。利用这些文件，能够在路由器和交换机配置被修改后进行恢复。

工程师应该在公司的网络中定义配置路由器和交换机的标准，持续的网络标准的建立有助于减少网络的复杂性、意外中断以及很多影响网络性能的事件。例如，公司的配置标准定义为：工程师为网络中的节点选取子网号和路由器的 IP 地址，路由器的 IP 地址总是使用子网里的最后一个 IP；路由器的主机名需要和网络工程项目所使用的工程绘图中的名称相同。

配置标准化使工程师可以更加容易地对网络进行排错和调整。有了标准，任何人都能够通过网络绘图了解网络情况，而写下配置标准，能够非常快地知道网络的最重要的信息。

对于路由器的配置文件来说，current-configuration 表示存放在 SDRAM 中的配置。startup-config 表示存放在 NVRAM 中的配置。所有的配置命令只要输入后马上就会存储在 SDRAM 中并运行，但断电后会马上丢失。而 NVRAM 中的配置只有在重新启动之后才会被复制到 SDRAM 中，运行断电后不会丢失。因此，必须养成好的配置习惯，在确认配置正确无误后，应将配置文件复制到 NVRAM 中去。

特别强调，要备份网络设备的配置文件到网络设备以外的存储介质上，例如用 FTP 方式备份到服务器上。这将有利于在网络设备出现重大灾难性问题时保护配置。同时，还可与已备份的其他网络数据归档存储。如果网络设备有 USB 口，可直接复制到 U 盘上，再转存到其他外部存储器中。这样，当路由器发生故障或更新网络设备时，只要直接把备份文件复制到新的网络设备中，设备就可以立即投入运行，不用再重新配置网络设备。

二、网络排错技巧

在网络配置和网络运行过程中，经常出现网络故障。如何快速排除网络故障是网络管理员非常关注的问题。这里按照OSI七层模型分层排除故障。

OSI模型的第一层定义了有关物理连接的细节，包括线缆和连接器，在排查网络故障时重点检查以下项目：线缆是否断裂，连接了错误接口，接触不良，使用错误线缆，串行口速率配置不当，DCE或者DTE线缆选择错误。

OSI模型的第二层定义了一些协议，这些协议用来控制和管理设备如何使用底层的物理介质。在排查网络故障时，重点检查串行接口配置是否正确、以太网配置是否正确、是否封装了正确的网络协议配置。

和第二层一样，第三层的很多问题是由于错误配置导致的，可用 ping 排错。检查配置的错误项包括：没有配置路由协议，路由协议的配置没有使路由协议在所应启动的接口上启动，错误的静态路由，错误的路由协议配置，路由器或PC的IP地址或子网掩码错误，PC 的默认网关错误，没有配置DNS的IP地址等。

如果要想证明两台主机间的TCP/IP 所有层工作都是正常的，可以使用telnet 命令来测试。从路由器、交换机或者主机上指定远端主机的 IP 地址或者主机名，如果看到了登录提示，则表示测试成功。实际上，工程师不需要登录到远端主机上，因为当他看到命令提示的时候，Telnet 已经建立了 TCP 通道，协商好了 Telnet 的选项，并且发送了一组消息。

三、VRP 文件系统

文件系统是指对存储器中文件、目录的管理，功能包括查看、创建、重命名和删除目录，以及复制、移动、重命名和删除文件等。掌握文件系统的基本操作，对于网络工程师高效管理设备的配置文件和 VRP 系统软件至关重要。常见的文件类型有：系统软件、配置文件、补丁文件和 PAF 文件。系统软件可以启动、运行设备，为整个设备提供支撑、管理等功能，系统文件扩展名为 cc。配置文件是用户将配置命令保存的文件，作用是允许设备以指定的配置启动生效，常见配置文件扩展名为 cfg、zip、dat。补丁文件是一种与设备系统软件兼容的软件，用于解决设备系统软件少量且急需解决的问题，常见补丁文件扩展名为 pat。PAF 文件是根据用户对产品的需要提供了一个简单有效的方式来裁剪产品的资源占用和功能特性，常见文件扩展名为 bin。

文件管理方式分为 Console 或 Telnet 等直接登录系统管理和 FTP、TFTP 或 SFTP 远程登录设备管理。此处学习 FTP 登录设备进行管理。

网络环境管理常用命令

VRP 基于文件系统来管理设备上的文件和目录。在管理文件和目录时，经常会使用一些基本命令来查询文件或者目录的信息，常用的命令如下：

1. 查看当前目录

```
pwd
```

2. 显示当前目录下的文件信息

```
dir [ filename | directory ]
```

3. 修改用户当前界面的工作目录

```
cd directory
```

4. 创建新的目录

```
mkdir directory
```

目录名称可以包含 1~64 个字符。

5. 删除目录

```
rmdir directory
```

6. 复制文件

```
copy source-filename destination-filename
```

7. 删除文件

```
delete
```

8. 配置文件保存

```
save
```

9. 开启 FTP 服务器端功能

```
ftp [ ipv6 ] server enable
```

默认情况下，设备的 FTP 服务器端功能是关闭的。

10. 查看保存的配置

```
display saved-configuration
```

11. 查看系统启动配置参数

```
display startup
```

此命令用来查看设备本次及下次启动相关的系统软件、备份系统软件、配置文件、License 文件、补丁文件以及语音文件。

12. 配置系统下次启动时使用的配置文件

```
startup saved-configuration configuration-file
```

13. 配置 FTP 本地用户

```
aaa
local-user user-name password irreversible-cipher password
local-user user-name privilege level level
local-user user-name service-type ftp
local-user user-name ftp-directory directory
```

必须将用户级别配置在 3 级或者 3 级以上，否则 FTP 连接将无法成功。

14. FTP 客户端访问 FTP 服务器端

```
ftp ip
```

15. FTP 客户端的常用命令

```
ascii
binary
ls
get
put
```

ascii 设置 ASCII 码传输类型。binary 设置二进制码传输类型。ls 查看 FTP 服务器端上的文件列表，也可以使用 dir。get 下载 FTP 服务器端的文件到本地。put 上传本地文件到 FTP 服务器端。

项目设计

网络文档管理主要分为三部分。第一部分是搭建项目环境。配置终端 IP 地址和路由接口 IP 地址。第二部分是路由器作为 FTP 服务器，从远端 Client1 上传系统软件到路由器。路由器开启 FTP 功能，配置 FTP 用户 sziit，密码 Huawei_01，AAA 验证方式登录到路由器。上传系统软件到路由器的备份目录 flash:/backup。需要注意的是：由于 eNSP 模拟器中路由交换设备不提供系统软件，以 test.cc 文件模拟系统软件。第三部分是路由器作为 FTP 客户端，保存当前配置文件为 save.zip，上传到远端 FTP 服务器 Server1。然后删除路由器默认的当前配置文件 vrpcfg.zip，从 FTP Server 下载 save.zip，并配置为路由器下次启动时使用的配置文件。重启路由器验证配置文件更新是否成功。表 9-1 给出了网络文档管理配置详细设计参数。

表 9-1　给出了网络文档管理详细设计参数

设　　备	接　　口	IP 地址
Server1	Ethernet 0/0/0	192.168.10.10/24
Client1	Ethernet 0/0/0	192.168.20.20/24
AR1	GE 0/0/0	192.168.20.1/24
	GE 0/0/1	192.168.10.1/24

项目实施与验证

网络环境管理项目的配置思路流程图如图 9-2 所示。

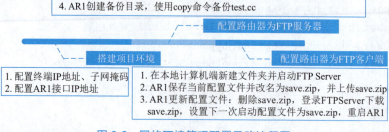

图 9-2　网络环境管理配置思路流程图

一、搭建项目环境

1. 配置 IP 地址

如图 9-3 所示配置 Client1 的 IP 地址和子网掩码，配置完成单击"应用"按钮。根据表 9-1，按照同样的方法，配置其余设备的 IP 地址信息。

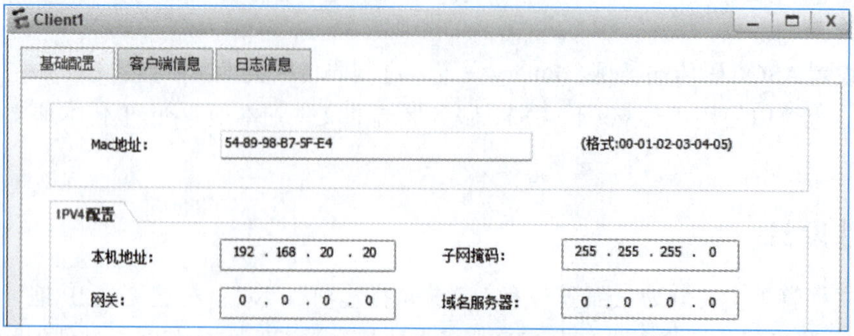

图 9-3　PC 计算机 IP 地址配置

2. 配置路由器接口

配置路由器 AR1 接口 GE 0/0/0 和 GE0/0/1 的 IP 地址。

```
<Huawei>sys
[Huawei]undo info-center enable
[Huawei]int GigabitEthernet 0/0/0
[Huawei-GigabitEthernet0/0/0]ip add 192.168.20.1 24
[Huawei-GigabitEthernet0/0/0]quit
[Huawei]int GigabitEthernet 0/0/1
[Huawei-GigabitEthernet0/0/1]ip add 192.168.10.1 24
[Huawei-GigabitEthernet0/0/1]quit
```

配置完成后，使用基础配置界面上的 ping 命令测试路由器与 Clinet1、Server1 的连通性。检测结果如图 9-4 所示，结果显示能 ping 通。

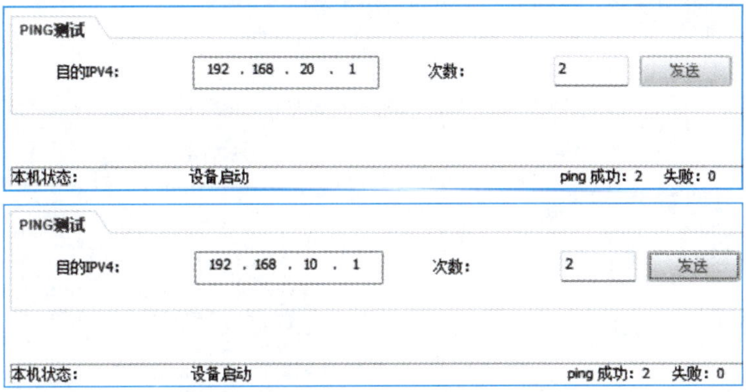

图 9-4 网络连通性检测

二、配置路由器为 FTP 服务器

1. 配置路由器为 FTP 服务器

在路由器端使能 FTP 功能，设置 FTP 用户 sziit 以 AAA 验证方式登录到 FTP 服务器，密码为 Huawei_01，用户权限为 15，ftp 目录为 **flash:/**，设置完成后保存退出。

```
[Huawei]ftp server enable
[Huawei]aaa
[Huawei-aaa]local-user sziit password cipher Huawei_01
[Huawei-aaa]local-user sziit privilege level 15
[Huawei-aaa]local-user sziit service-type ftp
[Huawei-aaa]local-user sziit ftp-directory flash:/
[Huawei-aaa]return
<Huawei>save
  The current configuration will be written to the device.
  Are you sure to continue? (y/n)[n]:y
  It will take several minutes to save configuration file, please wait.......
  Configuration file had been saved successfully
  Note: The configuration file will take effect after being activated
```

2. 配置 Client1 端

在本地端计算机某个文件目录下新建文件夹，并在文件夹下创建 test.cc 文件模拟系统软件。在本例中，test.cc 文件存放在 D:\FTP Client 目录下。

选择 Client1 计算机，双击进入客户端信息界面，如图 9-5 所示，在"服务器地址"处输入路由器 AR1 的 GE 0/0/0 接口的 IP 地址。"用户名"输入 sziit，"密码"设为 Huawei_01，单击"登录"按钮。登录成功后，在"本地文件列表"出现本地端计算机目录，在"服务器文件列表"出现路由器 flash:/ 目录下存放的文件。在本地文件列表 D:\FTP Client 找到 test.cc 文件，单击箭头按钮，当"服务器文件列表"出现 test.cc，表明系统软件 test.cc 成功上传到路由器。

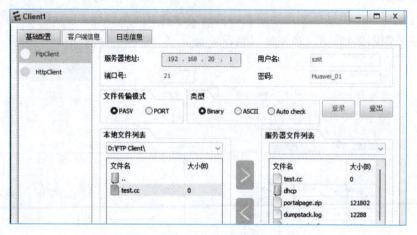

图 9-5　FTP 客户端配置信息

3. 系统软件备份

系统软件上传到路由器后，使用 mkdir 命令创建备份文件存放目录 flash:/backup，在执行 dir 命令后可以看到上传成功的 test.cc 系统软件和目录 backup。利用 copy 命令备份系统软件。使用 cd 命令进入 flash:/backup 目录，验证 test.cc 备份成功。

```
<Huawei>mkdir backup
<Huawei>dir
Directory of flash:/

  Idx  Attr    Size(Byte)    Date          Time(LMT)    FileName
   0   -rw-             0    Mar 19 2023   02:25:35     test.cc
   1   drw-             -    Mar 18 2023   08:33:33     dhcp
   2   -rw-       121,802    May 26 2014   09:20:58     portalpage.zip
   3   drw-             -    Mar 19 2023   05:54:56     backup
   4   -rw-        12,288    Mar 18 2023   08:57:58     dumpstack.log
   5   -rw-         2,263    Mar 19 2023   05:39:49     statemach.efs
   6   -rw-       828,482    May 26 2014   09:20:58     sslvpn.zip
   7   -rw-           249    Mar 18 2023   13:24:43     private-data.txt
   8   -rw-           675    Mar 19 2023   05:39:45     vrpcfg.zip

<Huawei>copy test.cc backup
Copy flash:/test.cc to flash:/backup/test.cc? (y/n)[n]:y
```

```
100%   complete
Info: Copied file flash:/test.cc to flash:/backup/test.cc...Done
<Huawei>cd backup/
<Huawei>dir
Directory of flash:/backup/
  Idx  Attr     Size(Byte)     Date          Time(LMT)       FileName
    0  -rw-              0     Mar 19 2023   05:56:48        test.cc
1,090,732 KB total (784,440 KB free)
```

三、配置路由器为 FTP 客户端

1. 配置 FTP 服务器端

选择 Server1，双击进入服务器信息界面，如图 9-6 所示，选中 FTPServer 选项，监听端口号为 21，单击"启动"按钮。在本地计算机端新建文件夹，从 FTP 客户端上传到 Server1 的文件将保存到此文件夹。在本例中上传路径为 D:\FTP Server。

图 9-6　FTP Server 配置信息

2. 配置路由器端

当路由器完成重要配置，通常需要将当前配置文件 current-configuration 使用 save 命令进行保存并上传到 FTP 服务器端。此例中将当前配置文件保存为 save.zip 并上传到 Server1，使用命令如下：

```
<Huawei>save save.zip
 Are you sure to save the configuration to save.zip? (y/n)[n]:y
  It will take several minutes to save configuration file, please wait.......
  Configuration file had been saved successfully
  Note: The configuration file will take effect after being activated
<Huawei>ftp 192.168.10.10
Trying 192.168.10.10 ...
Press CTRL+K to abort
Connected to 192.168.10.10.
220 FtpServerTry FtpD for free
User(192.168.10.10:(none)):sziit
331 Password required for sziit .
Enter password:
230 User sziit logged in , proceed
```

```
[Huawei-ftp]binary
200 Type set to IMAGE.

[Huawei-ftp]put save.zip
200 Port command okay.
150 Opening BINARY data connection for save.zip

 100%
226 Transfer finished successfully. Data connection closed.
FTP: 588 byte(s) sent in 0.300 second(s) 1.96Kbyte(s)/sec.
[Huawei-ftp]quit
```

在 D:\FTP Server 目录下可以查看到 save.zip，表明 save.zip 已经成功上传，如图 9-7 所示。

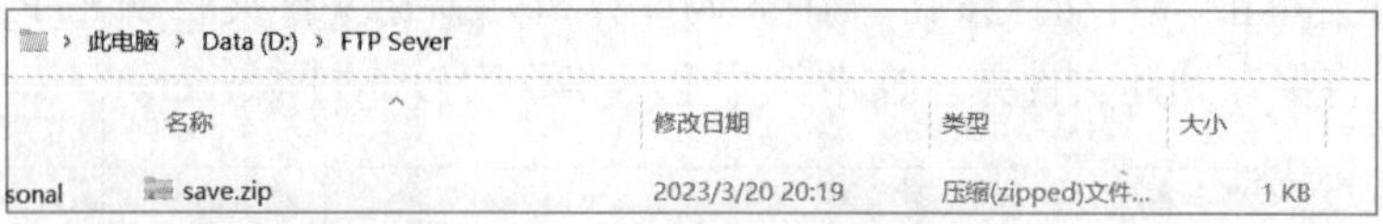

图 9-7 文件上传成功结果验证

3. 配置文件更新

删除 save.zip 并使用 dir 命令确定 save.zip 删除成功，从 Server1 下载 save.zip，并使用 startup saved-configuration file 命令将 save.zip 作为路由器下次启动时使用的配置文件。在重启路由器后，使用 display startup 命令查看设备本次及下次启动的配置文件。从查询结果可知，重启前路由器的当前配置文件为 vrpcfg.zip，重启后更新为 save.zip，完成配置文件更换。

```
<Huawei>delete save.zip
Delete flash:/save.zip? (y/n)[n]:y
Info: Deleting file flash:/save.zip...succeed.
<Huawei>dir
Directory of flash:/

 Idx  Attr    Size(Byte)      Date         Time(LMT)   FileName
   0  drw-            -    Mar 20 2023     11:52:55    dhcp
   1  -rw-      121,802    May 26 2014     09:20:58    portalpage.zip
   2  -rw-        2,263    Mar 20 2023     12:46:52    statemach.efs
   3  -rw-      828,482    May 26 2014     09:20:58    sslvpn.zip
   4  -rw-          352    Mar 20 2023     11:56:34    private-data.txt
   5  -rw-          592    Mar 20 2023     11:57:17    vrpcfg.zip

1,090,732 KB total (784,448 KB free)
<Huawei>ftp 192.168.10.10
Trying 192.168.10.10 ...

Press CTRL+K to abort
Connected to 192.168.10.10.
220 FtpServerTry FtpD for free
```

```
User(192.168.10.10:(none)):sziit
331 Password required for sziit .
Enter password:
230 User sziit logged in , proceed

[Huawei-ftp]get save.zip
Warning: The file save.zip already exists. Overwrite it? (y/n)[n]:y
200 Port command okay.
150 Sending save.zip (588 bytes). Mode STREAM Type BINARY
226 Transfer finished successfully. Data connection closed.
FTP: 588 byte(s) received in 0.270 second(s) 2.17Kbyte(s)/sec.
<Huawei>dis startup

  Startup saved-configuration file:        flash:/vrpcfg.zip
  Next startup saved-configuration file:   flash:/vrpcfg.zip

<Huawei>startup saved-configuration save.zip
This operation will take several minutes, please wait...
Info: Succeeded in setting the file for booting system
<Huawei>reboot
Info: The system is comparing the configuration, please wait.
System will reboot! Continue ? [y/n]:y
Info: system is rebooting ,please wait...
<Huawei>dis startup

  Startup saved-configuration file:        flash:/save.zip
  Next startup saved-configuration file:   flash:/save.zip
```

拓展学习

随着信息时代的迅猛发展，数据的存储和传输方式也在不断升级。大数据传输技术作为一种重要的技术手段，在各行各业中都扮演着越来越重要的角色。从最早的 FTP 到现在的云计算，这条线路上走过了许多发展历程。

FTP 最初是为在计算机之间传递文件而创建的，其初衷是建立一个简单、标准的文件传输服务。FTP 的最大优点就是可以通过网络快速地传送大量数据，具有数据传输快、数据可靠性高、易于操作等特点。但是，随着信息技术的发展，FTP 的缺陷也逐渐暴露了出来，FTP 传输数据容易被窃取和篡改，有安全性问题；FTP 在传输大容量数据时传输速度较慢，容易造成数据拥堵。因此，在 FTP 的基础上，人们开始研究新的数据传输技术，其中比较重要的一个就是超文本传输协议（hypertext transfer protocol，HTTP）。HTTP 的优点在于其以请求响应模型为基础，同时具有可扩展性和灵活性高、传输速度快等特点。HTTP 最初是为 Web 浏览器和服务器之间的通信而设计的协议，但由于其可靠性和效率的优势，现已成为网络上的标准数据传输协议。

到了21世纪初期，人们已经开始研究云计算技术，并逐渐将其应用到大数据领域中。随着云计算技术的发展，大数据传输也逐渐发生了变革。在云环境下，数据传输已经从原来的 FTP、HTTP 等基于传统 TCP/IP 协议的方式转向谷歌推出的 QUIC 协议。QUIC 是一个基于 UDP 的新协议，用于客户端和服务器之间的加密数据传输，旨在提高 Web 应用程序的性能和安全性。QUIC 通过将传输层和应用层合并成一个信道来实现数据传输，减少了应用层与传输层之间的交互次数，从而提高了传输效率。自 2015 年以来，QUIC 协议开始在 IETF 进行标准化并被国内外各大厂商相继落地。QUIC 具备的支持连接迁移等诸多优势，将使其成为下一代互联网协议。蚂蚁集团支付宝客户端团队与接入网关团队于 2018 年下半年开始在移动支付、海外加速等场景落地 QUIC。虽然 QUIC 协议目前还处于测试阶段，并未得到普及，但它为大数据传输的未来探索提供了新的方向。

总之，大数据传输技术经历了从 FTP 到 HTTP，再到现在的云计算和 QUIC 等多次演进，每一次技术的升级都有着自己不同的优缺点，这反映了人们在探索大数据传输技术的道路上所取得的成果和经验。在未来，有理由相信，大数据传输技术还将不断创新和发展，带来更加高效、安全的数据传输体验。

习　题

1. 华为数通设备目前使用的 VRP 版本是多少？
2. 华为网络设备支持多少个用户同时使用 Console 接口登录？
3. 如果设备中有多个配置文件，如何指定下次启动时使用的配置文件？

项目 10

路由器实现 VLAN 间通信

【知识目标】
(1) 了解路由器如何实现 VLAN 间通信。
(2) 掌握路由器子接口实现 VLAN 间通信的原理与配置方法。

【技能目标】
(1) 具备根据校园网、企业网的实际需求在路由器上实现 VLAN 间通信的能力。
(2) 具备排查、解决路由器实现 VLAN 间通信过程中出现的问题的能力。

【素养目标】
通过配置路由器实现 VLAN 间互访的过程,培养严谨规范、精益求精的职业素养和工匠精神。

项目描述

如图 10-1 所示,A 公司的局域网由若干台华为公司 S3700 系列交换机、一台 S5700、一台 R2220 路由器组成,并划分了四个 VLAN,其中,有三个 VLAN 用于

视频●
路由器实现
VLAN间通信

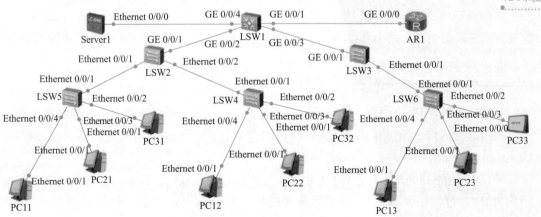

图 10-1　公司网络结构拓扑图

管理网络中的计算机，还有一个 VLAN 用于管理公司的服务器。现需要这四个 VLAN 间设备能够相互通信，网络中处于不同 VLAN 中的计算机能够用域名访问公司网络服务器中的网络资源。公司网络工程师拟使用路由器 AR1 物理子接口实现 VLAN 间互访。

知识链接

处于不同 VLAN 的计算机通信必须使用三层设备，如三层交换机或路由器。华为提供了两种使用路由器连通不同 VLAN 的方法——路由器物理接口实现 VLAN 间通信和路由器子接口实现 VLAN 间通信，如图 10-2 所示。

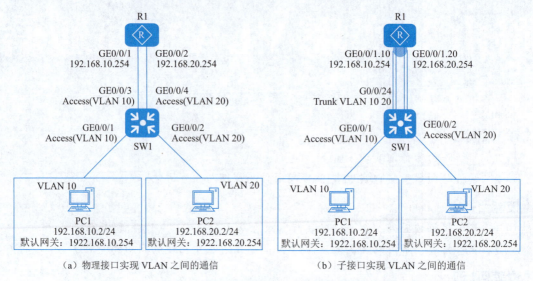

图 10-2　路由器实现 VLAN 间通信的方法

一、路由器物理接口实现 VLAN 间通信

路由器物理接口实现 VLAN 间通信，是使用路由器的物理接口作为 VLAN 的网关，一个 VLAN 需要占用一个路由器物理接口。要实现 m 个 VLAN 间的设备通信，则路由器需要 m 个以太网口。然而，路由器的接口非常宝贵，采用上述方法，在实际应用中不切实际。图 10-2（a）所示为使用路由器物理接口实现 VLAN 间通信的示意图。路由器使用两个物理接口 GE0/0/1 和 GE0/0/2，分别作为 VLAN 10 及 VLAN 20 内 PC 的默认网关，转发本网段前往其他网段的流量。路由器作为三层转发设备其接口数量较少，方案的可扩展性太差。

二、路由器子接口实现 VLAN 间通信

使用路由器物理接口实现 VLAN 间通信，在实际应用中不切实际，因此 VLAN 间通信通常使用路由器子接口实现。不管网络中有多少个 VLAN，路由器和交换机间都只占用一个物理的以太网口。通过在路由器物理接口创建多个子接口和不同 VLAN 连接，实现多个 VLAN 间设备通信。

子接口（sub-interface）是基于路由器以太网接口所创建的逻辑接口，以物理接口 ID + 子接口 ID 进行标识，子接口 ID 通常与所连接的 VLAN ID 一致，子接口可以终结携带 VLAN Tag 的数据帧。图 10-2（b）显示了使用路由器的物理接口实现 VLAN 之间通信的原

理。R1 使用一个物理接口 GE0/0/1 与交换机 SW1 对接，并基于该物理接口创建两个子接口：GE0/0/1.10 及 GE0/0/1.20，分别使用这两个子接口作为 VLAN 10 及 VLAN 20 的默认网关。由于子接口不支持 VLAN 报文，当它收到 VLAN 报文时，需要在子接口上将 VLAN Tag 剥掉。

交换机连接路由器的接口类型配置为 Trunk，根据报文的 VLAN Tag 不同，路由器将收到的报文交由对应的子接口处理。子接口接收到报文，剥除 VLAN 标签后进行三层转发或其他处理；子接口发出报文时，会将相应的 VLAN 标签添加到报文中后再发送，从而实现 VLAN 间通信。图 10-3 所示为子接口处理数据流程。在图中，路由器 R1 物理接口 GE0/0/1 上创建了两个子接口，分别作为 VLAN 10 与 VLAN 20 的默认网关。VLAN 10 发往 VLAN 20 的数据帧通过 SW1 的 Trunk 接口 GE0/0/24 转发到路由器 R1 的 GE0/0/1 接口。子接口 GE0/0/1.10 会将收到的数据帧的 VLAN Tag 10 剥离，然后转发到子接口 GE0/0/1.20，子接口 GE0/0/1.20 接收到数据帧后，会在数据帧中打入 VLAN ID 为 20 的 Tag，然后转发到交换机 SW1 的 GE0/0/24 接口，最后由交换机 SW1 转发到对应 VLAN。

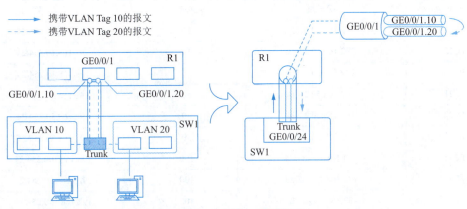

图 10-3　子接口数据处理

路由器实现 VLAN 间通信常用命令

1. 创建子接口命令

`interface interface-type interface-number.sub-interface number`

命令参数 sub-interface number 代表物理接口内的逻辑接口通道。一般情况下，子接口 ID 与所要连接的 VLAN 的 VLAN ID 相同。

2. 配置子接口 VLAN 终结命令

`dot1q termination vid vlan-id`

此命令用来配置子接口 dot1q 终结的 VLAN ID。默认情况，子接口没有配置 dot1q 终结的 VLAN ID。

3. 配置子接口 ARP 使能命令

`arp broadcast enable`

此命令用来使能子接口的 ARP 广播功能。默认情况下，子接口没有使能 ARP 广播功能。为了允许子接口能转发广播报文，可以在子接口上执行此命令。

项目设计

基于路由器物理子接口实现 VLAN 间通信由五部分组成：第一部分是搭建项目环境，配置终端计算机的 IP 地址、DNS 服务和 Web 服务；第二部分是基于 GVRP 创建 VLAN，所有局域网的交换机启用 GVRP，在与终端相连的接入交换机 LSW1、LSW4、LSW5 和 LSW6 手动创建静态 VLAN；第三部分是基于接口划分 VLAN，把交换机 LSW1、LSW4、LSW5 和 LSW6 与终端相连的接口划进所属 VLAN；第四部分配置路由器物理接口 GE0/0/0 的子接口，实现 VLAN 间通信；第五部分是项目实施结果验证，同一 VLAN 计算机能通信，不同 VLAN 计算机能通过 AR1 路由器通信。

表 10-1 给出了每台计算机的详细设计参数和 VLAN 规划。其中 Server1 充当 Web 服务器和 DNS 服务器，Web 服务器的域名为 www.company.com。

表 10-1 计算机的详细设计参数

计 算 机 名	IP 地址	VLAN ID	网 关
PC11	192.168.10.11/24	10	192.168.10.254/24
PC12	192.168.10.12/24	10	192.168.10.254/24
PC13	192.168.10.13/24	10	192.168.10.254/24
PC21	192.168.50.21/24	50	192.168.50.254/24
PC22	192.168.50.22/24	50	192.168.50.254/24
PC23	192.168.50.23/24	50	192.168.50.254/24
PC31	192.168.100.31/24	100	192.168.100.254/24
PC32	192.168.100.32/24	100	192.168.100.254/24
PC33	192.168.100.33/24	100	192.168.100.254/24
Server1	192.168.40.1/24	40	192.168.40.254/24

项目实施与验证

路由器实现 VLAN 间通信的配置思路流程图如图 10-4 所示。

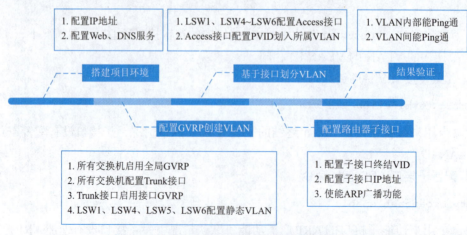

图 10-4 路由器实现 VLAN 间通信配置思路流程图

一、搭建项目环境

1. 配置 IP 地址

在 eNSP 中双击计算机 PC11，打开对话框如图 10-5 所示，配置 PC11 的 IP 地址、子网掩码、网关和 DNS 服务器 IP 地址，配置完成后单击"应用"按钮保存设置。按照同样的方法分别配置好表 10-1 网络中的其他计算机和服务器的 IP 地址信息。

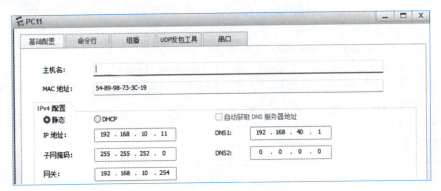

图 10-5　配置 PC11 的 IP 地址

2. 配置 Web 服务

图 10-6 显示了 Server1 的 Web 服务配置。

图 10-6　Server1 的 Web 服务配置

3. 配置 DNS 服务

在 Server1 配置界面，选择服务器信息，选择 DNSServer，添加 Server1 的 IP 地址和公司的域名 www.company.com，单击"增加"按钮启动。具体配置如图 10-7 所示。

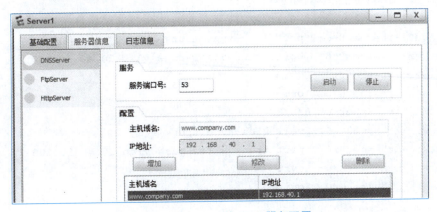

图 10-7　Server1 的 DNS 服务配置

二、配置 GVRP 创建 VLAN

1. 配置 Trunk 接口并开启交换机 GVRP 功能

将所有交换机开启设备 GVRP 功能，配置 Trunk 接口并开启 Trunk 接口的 GVRP 功能。
LSW1 交换机配置命令如下：

```
<Huawei>sys
[Huawei]undo info-center enable
[Huawei]gvrp
[Huawei]int GigabitEthernet 0/0/1
[Huawei-GigabitEthernet0/0/1]port link-type trunk
[Huawei-GigabitEthernet0/0/1]port trunk allow-pass vlan 10 40 50 100
[Huawei-GigabitEthernet0/0/1]gvrp
[Huawei-GigabitEthernet0/0/1]quit
[Huawei]int GigabitEthernet 0/0/2
[Huawei-GigabitEthernet0/0/2]port link-type trunk
[Huawei-GigabitEthernet0/0/2]port trunk allow-pass vlan 10 40 50 100
[Huawei-GigabitEthernet0/0/2]gvrp
[Huawei-GigabitEthernet0/0/2]quit
[Huawei]int GigabitEthernet 0/0/3
[Huawei-GigabitEthernet0/0/3]port link-type trunk
[Huawei-GigabitEthernet0/0/3]port trunk allow-pass vlan 10 40 50 100
[Huawei-GigabitEthernet0/0/3]gvrp
[Huawei-GigabitEthernet0/0/3]quit
```

LSW2 交换机配置命令如下：

```
<Huawei>sys
[Huawei]undo info-center enable
[Huawei]gvrp
[Huawei]int GigabitEthernet 0/0/1
[Huawei-GigabitEthernet0/0/1]port link-type trunk
[Huawei-GigabitEthernet0/0/1]port trunk allow-pass vlan 10 40 50 100
[Huawei-GigabitEthernet0/0/1]gvrp
[Huawei-GigabitEthernet0/0/1]quit
[Huawei]int Ethernet 0/0/1
[Huawei-Ethernet0/0/1]port link-type trunk
[Huawei-Ethernet0/0/1]port trunk allow-pass vlan 10 40 50 100
[Huawei-Ethernet0/0/1]gvrp
[Huawei-Ethernet0/0/1]quit
[Huawei]int Ethernet 0/0/2
[Huawei-Ethernet0/0/2]port link-type trunk
[Huawei-Ethernet0/0/2]port trunk allow-pass vlan 10 40 50 100
[Huawei-Ethernet0/0/2]gvrp
[Huawei-Ethernet0/0/2]quit
```

LSW3 交换机配置命令如下：

```
<Huawei>sys
[Huawei]undo info-center enable
[Huawei]gvrp
[Huawei]int GigabitEthernet 0/0/1
[Huawei-GigabitEthernet0/0/1]port link-type trunk
[Huawei-GigabitEthernet0/0/1]port trunk allow-pass vlan 10 40 50 100
[Huawei-GigabitEthernet0/0/1]gvrp
[Huawei-GigabitEthernet0/0/1]quit
[Huawei]int Ethernet 0/0/1
[Huawei-Ethernet0/0/1]port link-type trunk
[Huawei-Ethernet0/0/1]port trunk allow-pass vlan 10 40 50 100
[Huawei-Ethernet0/0/1]gvrp
[Huawei-Ethernet0/0/1]quit
```

LSW4 交换机配置命令如下：

```
<Huawei>sys
[Huawei]undo info-center enable
[Huawei]gvrp
[Huawei]int Ethernet 0/0/1
[Huawei-Ethernet0/0/1]port link-type trunk
[Huawei-Ethernet0/0/1]port trunk allow-pass vlan 10 40 50 100
[Huawei-Ethernet0/0/1]gvrp
[Huawei-Ethernet0/0/1]quit
```

LSW5 和 LSW6 与 LSW4 配置一致，这里不再赘述。

2. 交换机 LSW1、LSW4、LSW5 和 LSW6 手动创建静态 VLAN

为接入交换机 LSW1、LSW4、LSW5 和 LSW6 批量创建 VLAN。

```
[Huawei]vlan batch 10 40 50 100
```

3. VLAN 信息查看

使用 display vlan 命令查看交换机 VLAN 创建信息。以 LSW1 和 LSW2 为例，LSW1 的 VLAN 信息查询结果如下：

```
<Huawei>display vlan
The total number of vlans is : 5
......

VID  Type    Ports
--------------------------------------------------------
1    common  UT:GE0/0/1(U)    GE0/0/2(U)    GE0/0/3(U)    GE0/0/5(D)
             GE0/0/6(D)       GE0/0/7(D)    GE0/0/8(D)    GE0/0/9(D)
             GE0/0/10(D)      GE0/0/11(D)   GE0/0/12(D)   GE0/0/13(D)
             GE0/0/14(D)      GE0/0/15(D)   GE0/0/16(D)   GE0/0/17(D)
             GE0/0/18(D)      GE0/0/19(D)   GE0/0/20(D)   GE0/0/21(D)
             GE0/0/22(D)      GE0/0/23(D)   GE0/0/24(D)

10   common  TG:GE0/0/1(U)    GE0/0/2(U)    GE0/0/3(U)
```

```
40    common    UT:GE0/0/4(U)
                TG:GE0/0/1(U)       GE0/0/2(U)         GE0/0/3(U)
50    common    TG:GE0/0/1(U)       GE0/0/2(U)         GE0/0/3(U)
100   common    TG:GE0/0/1(U)       GE0/0/2(U)         GE0/0/3(U)
......
```

从查询结果可知,创建出 4 个类型为 common 的静态 VLAN。

LSW2 的 VLAN 信息查询结果如下:

```
<Huawei>dis vlan
The total number of vlans is : 5
......
VID   Type    Ports
--------------------------------------------------------
1     common  UT:Eth0/0/1(U)    Eth0/0/2(U)     Eth0/0/3(D)     Eth0/0/4(D)
                Eth0/0/5(D)     Eth0/0/6(D)     Eth0/0/7(D)     Eth0/0/8(D)
                Eth0/0/9(D)     Eth0/0/10(D)    Eth0/0/11(D)    Eth0/0/12(D)
                Eth0/0/13(D)    Eth0/0/14(D)    Eth0/0/15(D)    Eth0/0/16(D)
                Eth0/0/17(D)    Eth0/0/18(D)    Eth0/0/19(D)    Eth0/0/20(D)
                Eth0/0/21(D)    Eth0/0/22(D)    GE0/0/1(U)      GE0/0/2(D)

10    dynamic TG:Eth0/0/1(U)    Eth0/0/2(U)     GE0/0/1(U)
40    dynamic TG:Eth0/0/1(U)    Eth0/0/2(U)     GE0/0/1(U)
50    dynamic TG:Eth0/0/1(U)    Eth0/0/2(U)     GE0/0/1(U)
100   dynamic TG:Eth0/0/1(U)    Eth0/0/2(U)     GE0/0/1(U)
......
```

从查询结果可知创建出 4 个类型为 dynamic 的动态 VLAN。

三、基于接口划分 VLAN

把交换机 LSW1 的 Access 接口加入对应的 VLAN。LSW1 配置命令如下:

```
[Huawei]int GigabitEthernet 0/0/4
[Huawei-GigabitEthernet0/0/4]port link-type access
[Huawei-GigabitEthernet0/0/4]port default vlan 40
[Huawei-GigabitEthernet0/0/4]quit
```

把交换机 LSW4、LSW5 和 LSW6 的 Access 接口加入对应的 VLAN。LSW4 配置命令如下:

```
[Huawei]int Ethernet 0/0/2
[Huawei-Ethernet0/0/2]port link-type access
[Huawei-Ethernet0/0/2]port default vlan 100
[Huawei-Ethernet0/0/2]quit
[Huawei]int Ethernet 0/0/3
[Huawei-Ethernet0/0/3]port link-type access
[Huawei-Ethernet0/0/3]port default vlan 50
[Huawei-Ethernet0/0/3]quit
```

```
[Huawei]int Ethernet 0/0/4
[Huawei-Ethernet0/0/4]port link-type access
[Huawei-Ethernet0/0/4]port default vlan 10
[Huawei-Ethernet0/0/4]quit
```

LSW5 和 LSW6 的 Access 接口与 LSW4 一致，这里不再赘述。

四、配置路由器子接口

```
<Huawei>sys
[Huawei]undo info-center enable
[Huawei]interface GigabitEthernet 0/0/0.10
[Huawei-GigabitEthernet0/0/0.10]dot1q termination vid 10
[Huawei-GigabitEthernet0/0/0.10]ip address 192.168.10.254 24
[Huawei-GigabitEthernet0/0/0.10]arp broadcast enable
[Huawei-GigabitEthernet0/0/0.10]quit

[Huawei]int GigabitEthernet 0/0/0.40
[Huawei-GigabitEthernet0/0/0.40]dot1q termination vid 40
[Huawei-GigabitEthernet0/0/0.40]ip address 192.168.40.254 24
[Huawei-GigabitEthernet0/0/0.40]arp broadcast enable
[Huawei-GigabitEthernet0/0/0.40]quit

[Huawei]int GigabitEthernet 0/0/0.50
[Huawei-GigabitEthernet0/0/0.50]dot1q termination vid 50
[Huawei-GigabitEthernet0/0/0.50]ip address 192.168.50.254 24
[Huawei-GigabitEthernet0/0/0.50]arp broadcast enable
[Huawei-GigabitEthernet0/0/0.50]quit

[Huawei]int GigabitEthernet 0/0/0.100
[Huawei-GigabitEthernet0/0/0.100]dot1q termination vid 100
[Huawei-GigabitEthernet0/0/0.100]ip address 192.168.100.254 24
[Huawei-GigabitEthernet0/0/0.100]arp broadcast enable
[Huawei-GigabitEthernet0/0/0.100]quit
```

五、结果验证

在 PC11 分别 ping 其他两个 VLAN 中的计算机 PC22 和 PC33，结果如图 10-8 所示。从结果可得知三者能通信，说明路由器 AR1 实现了 VLAN 间通信。

```
PC>ping 192.168.50.22
Ping 192.168.50.22: 32 data bytes, Press Ctrl_C to break
From 192.168.50.22: bytes=32 seq=1 ttl=127 time=172 ms
From 192.168.50.22: bytes=32 seq=2 ttl=127 time=157 ms
From 192.168.50.22: bytes=32 seq=3 ttl=127 time=171 ms
From 192.168.50.22: bytes=32 seq=4 ttl=127 time=172 ms
From 192.168.50.22: bytes=32 seq=5 ttl=127 time=157 ms
```

(a) PC11 与 PC22 连通性检测结果

图 10-8 验证不同 VLAN 间计算机的连通性

(b) PC11 与 PC32 连通性检测结果

图 10-8　验证不同 VLAN 间计算机的连通性（续）

选择 PC33，在地址栏输入 Web 服务器的域名 www.company.com，单击"获取"按钮，返回 200 OK 即表示能通过域名访问公司网站，如图 10-9 所示。

图 10-9　项目结果验证

拓展学习

VLAN 间通信的核心理念是高效、安全的数据传输。这意味着在 VLAN 之间进行通信时，首要考虑的是如何快速且安全地传输数据。这一理念与社会主义核心价值观中的"和谐"和"公正"密切相关。

首先，"和谐"这一概念在网络通信中体现为流畅、无障碍的数据传输。只有当数据能够高效地从一个 VLAN 传输到另一个 VLAN 时，整个网络才能达到一种"和谐"的状态。

其次，"公正"原则在网络通信中意味着每个用户或每个 VLAN 都应该获得平等的数据传输机会，没有特权或歧视。在处理网络通信问题时，应遵循公平、公正的原则，不偏袒任何一方。

那么我们如何做到与他人和谐相处？如何公正待物呢？

与他人相处时，我们应该尊重他人的意见，认真倾听并尝试理解对方的观点，而不是直接否定或者忽视。当与他人交流时，要注意语气和措辞，避免使用攻击性或者挑衅性的语言。如果出现了争执或者分歧，应该以和平的方式解决，尝试通过沟通和协商来达成共识。同时，也要避免过于情绪化或者偏激的言论，以免引起更多的争端和冲突。通过这些方式，建立起与他人的和谐关系。

在分配任务或者资源时，应该根据每个人的能力和需求进行合理分配，而不是根据个人关系或者偏见来分配任务。在处理问题时，我们应该避免任何形式的偏见和歧视。在处理利益关系时，也应该公正地考虑每个人的利益，避免因为个人利益而损害他人的利益。

总之，与人和谐相处和公正待物是重要的社交和道德观念。通过尊重和理解他人、公平合理地分配资源和任务，我们可以建立起健康、和谐的人际关系和社会环境。

习 题

1. 通过子接口实现VLAN间通信时，交换机连接路由器的接口需要做哪些配置？
2. 报文经过三层转发时，报文内容有哪些变化？

项目 11

网络互联静态路由部署

【知识目标】

（1）掌握路由的基础知识。

（2）掌握静态路由的配置方法。

【技能目标】

具备配置静态路由实现网络互通的能力。

【素养目标】

通过配置静态路由实现目标网络数据正确转发，引出树立远大的理想和人生目标的重要性，培养正确的人生观、价值观。

项目描述

视频

网络互联静态路由部署

A 公司的计算机广域网拓扑结构如图 11-1 所示，为了保证公司网络稳定运行，特制定如下路由规则：

（1）PC1 与 PC2 通信，默认数据从 AR1 传输到 AR2，当该条通信线路出现故障时，数据从 AR1 传输到 AR3 再传输到 AR2。

（2）PC1 与 PC3 通信，默认数据从 AR1 传输到 AR3，当这条通信线路出现故

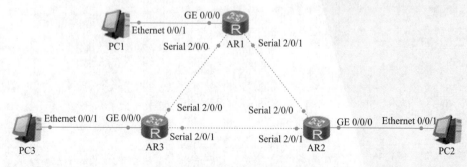

图 11-1　计算机广域网拓扑结构图

障时，数据从 AR1 传输到 AR2 再传输到 AR3。

（3）PC2 与 PC3 通信，默认数据从 AR2 传输到 AR3，当这条通信线路出现故障时，数据从 AR2 传输到 AR1，再传输到 AR3。

知识链接

一、路由概述

路由是指导报文转发的路径信息，通过路由可以确认转发 IP 报文的路径。路由设备维护着一张路由表，保存着路由信息。路由器会根据收到的 IP 报文的目的地址，在路由表中选择一条合适的路由条目，将报文转发到下一个路由器。

路由表由一条条详细的最优路由条目组成，路由器通过对路由表的管理实现对路径信息的管理。路由条目的形成有直连路由、静态路由和动态路由三种常见方式。直连路由是直连接口所在网段的路由，由设备自动生成。需要注意的是，只有接口的物理状态、协议状态都为 UP 时，接口生成的直连路由才会出现在路由表中。静态路由由网络管理员手工配置路由条目。动态路由是路由器通过动态路由协议，如 OSPF、IS-IS、BGP 等，学习到的路由。

使用 display ip routing-table 命令可以查看路由表，路由表的内容如表 11-1 所示。

表 11-1 路由表

Destination/Mask 目的网络/掩码	Proto 路由协议	Pre 路由优先级	Cost 路由开销	F 标记	NextHop 下一跳地址	Interface 出接口
127.0.0.0/8	Direct	0	0	D	127.0.0.1	InLoopBack0
127.0.0.1/32	Direct	0	0	D	127.0.0.1	InLoopBack0
127.255.255.255/32	Direct	0	0	D	127.0.0.1	InLoopBack0
255.255.255.255/32	Direct	0	0	D	127.0.0.1	InLoopBack0

表中各参数意义如下：Destination/Mask 表示路由的目的网络地址与网络掩码；Proto 路由协议类型，表明路由器获知该路由使用的协议；Pre 路由优先级，表示此路由的路由协议优先级，优先级最高（数值最小）者将成为当前的最优路由；Cost 也被称为路由度量值 Metric，当到达同一目的地的多条路由具有相同的路由协议优先级时，路由开销最小的将成为当前的最优路由，Pre 用于不同路由协议间路由优先级的比较，Cost 用于同一种路由协议内部不同路由的优先级的比较；NextHop 指向目的网络的下一跳地址；Interface 为路由的出接口，指明数据的转发接口。表 11-1 中第一条路由条目是本地的回环网段 127.0.0.0，这个网段内所有地址都指向自己机器 127.0.0.1；第二条路由条目是本地的回环地址；第三条路由条目是本地广播路由，当接收到 127.255.255.255 广播数据包时，直接发给自己 127.0.0.1；第四条路由条目是绝对广播路由，当接收到 255.255.255.255 广播数据包时，直接发给自己 127.0.0.1。

当路由器从多个路由协议获知到达同一个目的网络的路由时，路由器会比较这些路由协议的优先级，优先选择优先级值最小的路由。路由来源的优先级值 Pre 越小代表加入相同路由表的优先级越高，拥有最高优先级的路由将被添加进路由表。常见路由协议优先级：直连路由协议默认优先级为 0，静态路由协议为 60，OSPF 内部动态路由协议为 10，

OSPF 外部动态路由协议为 150。

在图 11-2 中，RTA 路由器通过静态路由和动态路由协议 OSPF 学习到了到达 10.0.0.0/30 网络的路由，此时路由器会比较 OSPF 路由协议优先级和静态路由协议的优先级，也就是 Pre 的值。通过上面的学习可知，OSPF 和静态路由的 Pre 值分别为 10 和 60，OSPF 拥有更高的优先级，通过 OSPF 学习到的路由被添加到路由表。

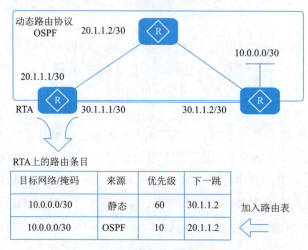

图 11-2　路由协议优先级比较

当路由器通过某种路由协议发现了多条到达同一个目的网络的路由时，度量值 Metric 将作为路由优选的依据之一。路由度量值表示到达这条路由所指目的地址的代价。一些常用的度量值有跳数、带宽、时延、代价、负载、可靠性等，比如 RIP 动态路由协议的 Metric 值是跳数，以跳数作为最优路径的选择。度量值数值越小越优先，度量值最小路由将会被添加到路由表中。度量值很多时候被称为开销（Cost）。

在图 11-3 中，RTA 路由器通过动态路由协议 OSPF 学习到了两条目的地为 10.0.0.0/30 的路由，路由学习来自同一路由协议、优先级相同，继续比较度量值。两条路由拥有不同的度量值，下一跳为 30.1.1.2 的 OSPF 的路由条目拥有更小的度量值，因此被加入到路由表。

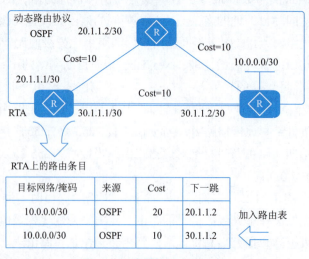

图 11-3　度量值 Metric 比较

路由转发遵循最长匹配原则，当路由器收到一个 IP 数据包时，会将数据包的目的 IP 地址与自己本地路由表中的所有路由表项进行逐位比对，直到找到匹配度最长的条目，这就是最长前缀匹配机制。在图 11-4 最长匹配示例中，目的 IP 地址为 192.168.2.2 的数据到达 RTA 后，查询 RTA 的路由表，根据最长匹配原则进行匹配，能够匹配 192.168.2.2 的路由存在两条，但是路由的掩码长度中，一个为 16 bit，另一个为 24 bit，掩码长度为 24 bit 的路由满足最长匹配原则，因此被选择来指导 192.168.2.2 的报文转发。

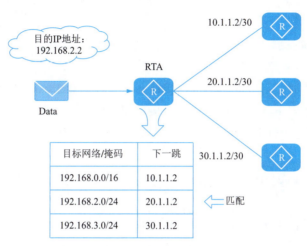

图 11-4　最长匹配原则

当路由器收到一个数据包时，会在自己的路由表中查询数据包的目的 IP 地址。如果能够找到匹配的路由表项，则依据表项所指示的出接口及下一跳转发数据；如果没有匹配的表项，则丢弃该数据包。路由器的行为是逐跳的，数据包从源到目的地，沿路径每个路由器都必须有关于目标网段的路由，否则就会造成丢包。同时，数据通信往往是双向的，因此要关注往返路由。

二、静态路由

静态路由由网络管理员通过配置命令手动添加路由，配置方便，对系统要求低，适用于拓扑结构简单并且稳定的小型网络。缺点是不能自动适应网络拓扑的变化，需要人工干预。

静态路由支持配置时手动指定优先级，可以通过配置目的地址/掩码相同、优先级不同、下一跳不同的静态路由实现转发路径的备份。浮动路由是主用路由的备份，保证链路故障时提供备份路由。主用路由下一跳可达时，该备份路由不会出现在路由表。

为了进一步简化路由表，或者在不明确目标网络地址的情况下，可以配置默认路由。默认路由也被称为缺省路由，是一种特殊的路由。配置默认路由后，如果报文的目的地址不能与路由表的任何目的地址相匹配，那么该报文将选取默认路由进行转发。默认路由一般用于企业网络出口，配置一条默认路由让出口路由设备能够转发前往 Internet 的任意地址的 IP 报文。

静态路由配置常用命令

1. 配置静态路由，关联下一跳 IP 的方式

   `ip route-static` *ip-address* { *mask* | *mask-length* } *nexthop-address*

2. 配置静态路由，关联出接口的方式

   `ip route-static` *ip-address* { *mask* | *mask-length* } *interface-type*

3. 配置静态路由，关联出接口和下一跳 IP 方式

   `ip route-static` *ip-address* { *mask* | *mask-length* } *interface-type interface-number* [*nexthop-address*]

在创建静态路由时，可以同时指定出接口和下一跳。对于不同的出接口类型，也可以只指定出接口或只指定下一跳。对于点到点接口如串口，只需指定出接口。对于广播接口如以太网接口和 VT（virtual-template）接口，必须指定下一跳。

4. 浮动路由

   `ip route-static` *ip-address* { *mask* | *mask-length* } *interface-type* **preference** *value*

浮动路由优先级 preference 设置大于 60，静态路由默认优先级 60。

 项目设计

A 公司网络静态路由配置由三部分组成：第一部分是搭建项目环境，配置终端计算机的 IP 地址等信息和路由器接口 IP 地址，192.168.1.0/24、192.168.2.0/24 和 192.168.3.0/24 用于路由器连接计算机的局域网，网络 192.168.0.0/24 地址用于路由器之间连接的接口；第二部分是配置静态路由和浮动路由，实现计算机间通信与备份；第三部分是项目实施结果验证，PC 间能够互相通信，某条线路发生故障，PC 间仍能通信。表 11-2 和表 11-3 分别给出了每台计算机和路由器的详细设计参数。

表 11-2 计算机详细设计参数

计算机名	IP 地址	网 关
PC1	192.168.1.1/24	192.168.1.254/24
PC2	192.168.2.1/24	192.168.2.254/24
PC3	192.168.3.1/24	192.168.3.254/24

表 11-3 路由器详细设计参数

设备名	Serial 2/0/0 IP 地址	Serial 2/0/1 IP 地址
AR1	192.168.0.13/30	192.168.0.17/30
AR2	192.168.0.18/30	192.168.0.22/30
AR3	192.168.0.14/30	192.168.0.21/30

 项目实施与验证

A 公司网络静态路由配置思路流程图如图 11-5 所示。

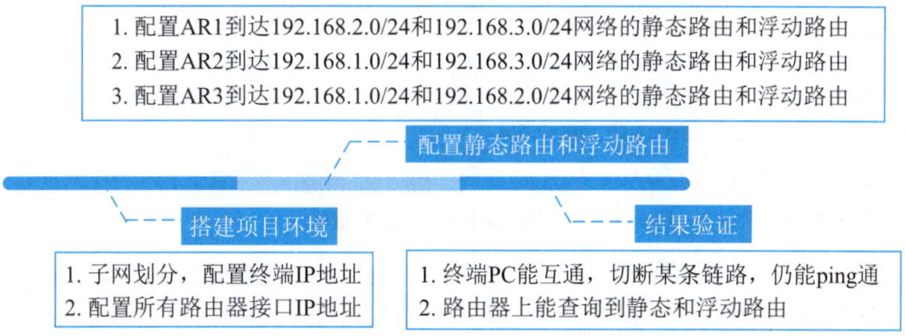

项目 11　网络互联静态路由部署

图 11-5　静态路由配置思路流程图

一、搭建项目环境

1. 配置 IP 地址

如图 11-6 所示，配置 PC1 的 IP 地址、子网掩码、网关，配置完成后单击"应用"按钮保存设置。按照同样的方法，分别配置好表 11-2 网络中的其他计算机的 IP 地址。

图 11-6　PC1 的 IP 地址配置

2. 配置路由器 IP 地址

使用子网划分工具把 192.168.0.0/24 网段划分为 64 个子网，从其中选择 3 个子网（192.168.0.12/30、192.168.0.16/30 和 192.168.0.20/30）用于路由器之间连接接口的配置，具体如图 11-7 所示。

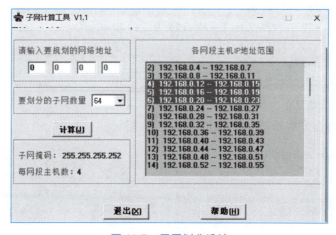

图 11-7　子网划分设计

123

按照表11-3的规划，路由器AR1接口配置命令如下：

```
<Huawei>sys
[Huawei]undo info-center enable
[Huawei]int Serial 2/0/0
[Huawei-Serial2/0/0]ip add 192.168.0.13 30
[Huawei-Serial2/0/0]quit
[Huawei]int Serial 2/0/1
[Huawei-Serial2/0/1]ip add 192.168.0.17 30
[Huawei-Serial2/0/1]quit
[Huawei]int GigabitEthernet 0/0/0
[Huawei-GigabitEthernet0/0/0]ip add 192.168.1.254 24
```

路由器AR2接口配置命令如下：

```
<Huawei>sys
[Huawei]undo info-center enable
[Huawei]int GigabitEthernet 0/0/0
[Huawei-GigabitEthernet0/0/0]ip add 192.168.2.254 24
[Huawei-GigabitEthernet0/0/0]quit
[Huawei]int Serial 2/0/0
[Huawei-Serial2/0/0]ip add 192.168.0.22 30
[Huawei-Serial2/0/0]quit
[Huawei]int Serial 2/0/1
[Huawei-Serial2/0/1]ip add 192.168.0.18 30
[Huawei-Serial2/0/1]quit
```

路由器AR3接口配置命令如下：

```
<Huawei>sys
[Huawei]undo info-center enable
[Huawei]int GigabitEthernet 0/0/0
[Huawei-GigabitEthernet0/0/0]ip add 192.168.3.254 24
[Huawei-GigabitEthernet0/0/0]quit
[Huawei]int Serial 2/0/0
[Huawei-Serial2/0/0]ip add 192.168.0.14 30
[Huawei-Serial2/0/0]quit
[Huawei]int Serial 2/0/1
[Huawei-Serial2/0/1]ip add 192.168.0.21 30
[Huawei-Serial2/0/1]quit
```

路由器AR1接口配置检测结果如下所示：

```
<Huawei>ping 192.168.1.1
  PING 192.168.1.1: 56  data bytes, press CTRL_C to break
......
    Reply from 192.168.1.1: bytes=56 Sequence=2 ttl=128 time=10 ms
......
```

```
<Huawei>ping 192.168.0.14
  PING 192.168.0.14: 56  data bytes, press CTRL_C to break
  ......
    Reply from 192.168.0.14: bytes=56 Sequence=2 ttl=255 time=30 ms
  ......
<Huawei>ping 192.168.0.18
  PING 192.168.0.18: 56  data bytes, press CTRL_C to break
  ......
    Reply from 192.168.0.18: bytes=56 Sequence=3 ttl=255 time=20 ms
  ......
```

在 AR1 命令行界面 ping 计算机 PC1、对端 AR2 的 Serial 2/0/0 和 AR3 的 Serial 2/0/0 的 IP 地址，能 ping 通表明接口配置正确。用同样的方法检测 AR2 和 AR3 接口配置。

二、配置静态路由和浮动路由

为了实现终端网络的互通，需要在路由器上配置到达各终端网络的静态路由。因为 AR1 的 GE 0/0/0 接口与 PC1 直连，因此在路由表中有到达 192.168.1.0/24 网络的直连路由，AR1 只需要配置到达 192.168.2.0/24 和 192.168.3.0/24 网络的静态路由和浮动路由，静态路由默认优先级为 60，浮动路由优先级 Preference 配置为 70，以此实现链路的备份。具体配置如下：

```
[Huawei]ip route-static 192.168.2.0 255.255.255.0 Serial 2/0/1
[Huawei]ip route-static 192.168.2.0 255.255.255.0 Serial 2/0/0 preference 70
[Huawei]ip route-static 192.168.3.0 255.255.255.0 Serial 2/0/0
[Huawei]ip route-static 192.168.3.0 255.255.255.0 Serial 2/0/1 preference 70
```

AR2 的 GE 0/0/0 接口与 PC2 直连，因此在路由表中有到达 192.168.2.0/24 网络的直连路由，AR2 只需要配置到达 192.168.1.0/24 和 192.168.3.0/24 网络的静态路由和浮动路由，静态路由默认优先级为 60，浮动路由优先级 Preference 配置为 70，以此实现链路的备份。具体配置如下：

```
[Huawei]ip route-static 192.168.1.0 255.255.255.0 Serial 2/0/0
[Huawei]ip route-static 192.168.1.0 255.255.255.0 Serial 2/0/1 preference 70
[Huawei]ip route-static 192.168.3.0 255.255.255.0 Serial 2/0/1
[Huawei]ip route-static 192.168.3.0 255.255.255.0 Serial 2/0/0 preference 70
```

AR3 的 GE 0/0/0 接口与 PC3 直连，因此在路由表中有到达 192.168.3.0/24 网络的直连路由，AR3 只需要配置到达 192.168.1.0/24 和 192.168.2.0/24 网络的静态路由和浮动路由，静态路由默认优先级为 60，浮动路由优先级 Preference 配置为 70，以此实现链路的备份。具体配置如下：

```
[Huawei]ip route-static 192.168.1.0 255.255.255.0 Serial 2/0/0
[Huawei]ip route-static 192.168.1.0 255.255.255.0 Serial 2/0/1 preference 70
[Huawei]ip route-static 192.168.2.0 255.255.255.0 Serial 2/0/1
[Huawei]ip route-static 192.168.2.0 255.255.255.0 Serial 2/0/0 preference 70
```

三、结果验证

1. 线路正常情况

在计算机 PC1 上使用 ping 命令检测与终端计算机 PC2 和 PC3 连通性，结果如图 11-8 所示，从结果可知，PC 之间能通信。

```
PC>ping 192.168.2.1

Ping 192.168.2.1: 32 data bytes, Press Ctrl_C to break
Request timeout!
From 192.168.2.1: bytes=32 seq=2 ttl=126 time=16 ms
From 192.168.2.1: bytes=32 seq=3 ttl=126 time=31 ms
From 192.168.2.1: bytes=32 seq=4 ttl=126 time=16 ms
From 192.168.2.1: bytes=32 seq=5 ttl=126 time=31 ms

PC>ping 192.168.3.1

Ping 192.168.3.1: 32 data bytes, Press Ctrl_C to break
Request timeout!
From 192.168.3.1: bytes=32 seq=2 ttl=126 time=31 ms
From 192.168.3.1: bytes=32 seq=3 ttl=126 time=15 ms
From 192.168.3.1: bytes=32 seq=4 ttl=126 time=16 ms
From 192.168.3.1: bytes=32 seq=5 ttl=126 time=15 ms
```

图 11-8 PC 间连通性检测结果

使用 dis ip routing-table 命令查看路由器 AR1 路由表，路由表列出当前有效的路径都是 pre 为 60 的路由。

```
<Huawei>dis ip routing-table
Route Flags: R - relay, D - download to fib
------------------------------------------------
Routing Tables: Public
        Destinations : 17     Routes : 17

Destination/Mask    Proto   Pre  Cost  Flags  NextHop         Interface
......
   192.168.0.12/30  Direct  0    0     D      192.168.0.13    Serial2/0/0
   192.168.0.13/32  Direct  0    0     D      127.0.0.1       Serial2/0/0
   192.168.0.14/32  Direct  0    0     D      192.168.0.14    Serial2/0/0
   192.168.0.15/32  Direct  0    0     D      127.0.0.1       Serial2/0/0
   192.168.0.16/30  Direct  0    0     D      192.168.0.17    Serial2/0/1
   192.168.0.17/32  Direct  0    0     D      127.0.0.1       Serial2/0/1
   192.168.0.19/32  Direct  0    0     D      127.0.0.1       Serial2/0/1
   192.168.0.22/32  Direct  0    0     D      192.168.0.22    Serial2/0/1
   192.168.1.0/24   Direct  0    0     D      192.168.1.254   GigabitEthernet 0/0/0
```

192.168.1.254/32	Direct	0	0	D	127.0.0.1	GigabitEthernet 0/0/0
192.168.1.255/32	Direct	0	0	D	127.0.0.1	GigabitEthernet 0/0/0
192.168.2.0/24	**Static**	**60**	**0**	**D**	**192.168.0.17**	**Serial2/0/1**
192.168.3.0/24	**Static**	**60**	**0**	**D**	**192.168.0.13**	**Serial2/0/0**

2. 线路异常情况

用 shutdown 命令关闭路由器 AR1 的 Serial 2/0/0 接口，在计算机 PC1 上使用 ping 命令检测与终端计算机 PC2 和 PC3 的连通性，结果如图 11-9 所示，从结果可知，当 AR1 和 AR3 之间的线路异常，PC 之间仍然能通信。

图 11-9 PC 间连通性检测结果

使用 dis ip routing-table 命令查看路由器 AR1 路由表，路由表列出去 192.168.3.0 有效的路径是 Pre 为 70 的浮动路由。由此可见，浮动路由实现了路由的备份，提高网络通信的稳定性。

```
<Huawei>dis ip routing-table
Route Flags: R - relay, D - download to fib
------------------------------------------------------
Routing Tables: Public
         Destinations : 13      Routes : 13

Destination/Mask    Proto   Pre  Cost  Flags  NextHop         Interface

......
192.168.0.12/30     Direct  0    0     D      192.168.0.13    Serial2/0/0
192.168.0.13/32     Direct  0    0     D      127.0.0.1       Serial2/0/0
192.168.0.14/32     Direct  0    0     D      192.168.0.14    Serial2/0/0
192.168.0.15/32     Direct  0    0     D      127.0.0.1       Serial2/0/0
192.168.1.0/24      Direct  0    0     D      192.168.1.254   GigabitEthernet 0/0/0
192.168.1.254/32    Direct  0    0     D      127.0.0.1       GigabitEthernet 0/0/0
192.168.1.255/32    Direct  0    0     D      127.0.0.1       GigabitEthernet 0/0/0
192.168.2.0/24      Static  60   0     D      192.168.0.13    Serial2/0/0
192.168.3.0/24      Static  70   0     D      192.168.0.13    Serial2/0/0
```

拓展学习

通过静态路由配置，我们实现了数据如何正确地传递到目标网络。人生也需要有目标，目标可大可小，但必须要明确。爱因斯坦曾说过："在一个崇高的目标支持下，不停地工作，即使慢，也一定会获得成功。"我们也应该树立远大的理想和人生目标，制定一个可行的计划，将目标分解为一系列可行的小任务。在每个任务完成后，自我激励并明确下一个任务的具体内容，更有效地朝目标前进。我们在追求目标的过程中要与人为善，坦诚对待他人，要有责任感和协作精神，坚持不懈地学习，才能不断靠近目标。实现目标的过程就是不断努力和不断积累的过程。荀子在《劝学篇》中提到"积土成山，风雨兴焉；积水成渊，蛟龙生焉；积善成德，而神明自得，圣心备焉。故不积跬步，无以至千里；不积小流，无以成江海。"实现目标的途径有很多，但不能违背社会主义道德，更不能触碰法律的红线。遵纪守法是实现目标的前提。

 习　题

1. 为了预防线路故障，应怎样设计备份路由？
2. 如何在一个设备的路由表中添加多条默认路由？
3. 在学习情景中，再增加一条路由规则，即默认情况下，路由器 AR2 的数据包传送给路由器 AR1，当该线路有故障时，则传送给路由器 AR3。设计路由，并在 eNSP 上验证能否同时实现这三条规则。如果不行，说明理由。

项目 12

网络互联 OSPF 路由协议部署

【知识目标】
（1）掌握动态路由协议基础知识。
（2）掌握OSPF的基本概念和适用的组网场景。
（3）掌握OSPF配置命令和步骤方法。

【技能目标】
具备配置OSPF路由协议实现网络互通的能力。

【素养目标】
通过OSPF协议动态适应网络的变化，加强知识学习和更新的能力，培养解决问题、勇于创新的能力。

项目描述

A公司搭建了图12-1所示的计算机网络，有9个网段，若采用静态路由解决路由问题会比较复杂，且效率低下，因此，拟用动态路由协议OSPF解决网络的路由问题。

视频●
网络互联OSPF
路由协议部署

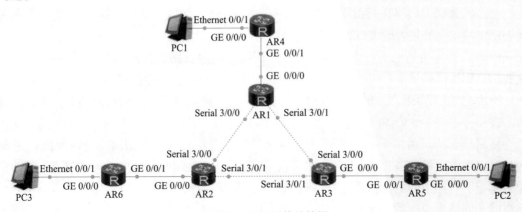

图 12-1　网络拓扑结构图

知识链接

一、动态路由协议

当网络规模越来越大时，使用手动配置静态路由的方式获取路由条目将变得越发复杂，同时在拓扑发生变化时不能及时、灵活响应。动态路由协议能够自动发现和生成路由，并在拓扑变化时自动发现、学习路由，及时更新路由，可以有效减少管理人员工作量，适用于规模较大的网络。

根据路由信息传递的内容和计算路由的算法，可以将动态路由协议分为距离矢量路由协议（distance-vector routing protocol）和链路状态路由协议（link-state routing protocol）。根据工作范围不同，又可以分为内部网关协议（interior gateway protocol，IGP）和外部网关协议（exterior gateway protocol，EGP），如图 12-2 所示。

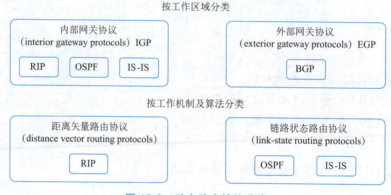

图 12-2 动态路由协议分类

二、OSPF 基础知识

动态路由协议因其灵活性高、可靠性好、易于扩展等特点被广泛应用于现在的网络。在动态路由协议之中，开放式最短路径优先 OSPF 协议（open shortest path first）是使用场景非常广泛的动态路由协议之一。OSPF 在 RFC2328 中定义，是一种基于链路状态算法的路由协议。所谓链路就是路由器用来连接网络的接口，链路状态用来描述路由器接口及其相邻路由器的关系。

链路状态路由协议在路由更新中会比距离矢量路由协议包含更多的信息，因此，链路状态路由协议需要更好的 CPU。使用链路状态路由协议的路由器需要将网络的所有细节以泛洪的方式通告给其他所有路由器，最后，网络中的每台路由器都具有相同的网络信息，这些信息称为链路状态数据库（link state database，LSDB），LSDB 将被用于以后的路由发现。因为泛洪的详细信息非常多，所以相比于距离矢量路由协议，运行链路状态协议的路由器需要占用更多的资源。

链路状态协议适用于以下情形：① 网络进行了分层设计，大型网络通常如此；② 管理员对网络中采用的链路状态路由协议非常熟悉；③ 网络对收敛速度的要求极高，这里的收敛是指所有路由器的路由表达到一致的过程。当所有路由器都获取到完整而准确的网络信息时，网络完成收敛，网络在完成收敛后才可以正常运行，因此，大部分网络都需要在很短的时间内完成收敛。

OSPF 是流行的链路状态路由协议，在路由更新中通告的信息称为链路状态通告（link state advertisement，LSA）。LSA 有两种主要类型：一是路由器 LSA，包括路由器 ID、路由器接口的 IP 地址、每个接口的状（up 或 down），以及与接口相关的开销；二是链路 LSA，它是每条与路由器相连链路的标识，也包括链路的状态 up 或 down。

使用链路状态路由协议时，每台路由器创建自己的 LSA，并在路由更新中泛洪 LSA 给其他所有路由器，直到网络中所有路由器都收到这个 LSA。最后，每台路由器都有其他路由器的 LSA 和所有链路 LSA。

LSA 泛洪之后，类似于距离矢量路由协议，即使 LSA 不变化，链路状态协议也周期性地发送 LSA。但是距离矢量协议的更新时间比较短，如 RIP 以 30 s 为一个更新周期，而 OSPF 每 30 min 重发 LSA。这样，在一个稳定的网络中发送路由信息时，链路状态协议比距离矢量协议使用更少的带宽。当 LSA 发生变化时，路由器立即泛洪变化的 LSA。

链路状态的泛洪过程使得每台路由器的内存中都有相同的 LSDB，但是，这个过程不会让路由器确定路由表中的最佳路由，这就需要用链路状态的算法，即最短路径优先（SPF）算法找到添加到 IP 路由表中的路由。SPF 算法类似于人们拿着地图去旅行。任何人都可到商店买到相同的地图，因此，所有人知道相同的道路信息。然而，人们看地图时，首先会找到自己的位置和目的地的位置，然后再找出可能的路线，如果几条路看起来差不多远，则选择最优路径。

LSDB 类似于地图，SPF 算法就相当于人们研究地图。LSDB 存有所用路由器和链路的信息，SPF 算法决定路由器 CPU 如何处理 LSDB，每台路由器都将自己当作路由的起点。SPF 算法计算每个目的网络的所有可能路由及每条路由的总度量值，从而在 LSDB 中找出到达每个子网的最佳路由。

为了向规模非常大的网络提供可伸缩性，OSPF 支持两个重要的概念：自治系统（AS）和区域（Area）。

AS 是在一个管理控制下的一组网络，它可以是公司、公司的分部或集团公司。AS 可以为路由协议提供清楚的边界，从而提供某些功能。例如，可以控制路由器传播网络号的距离。另外，还可以控制通告给其他自治系统的路由以及控制接收这些系统通告的路由。

要将一个自治系统与其他自治系统区别开来，可以给每个 AS 分配一个范围在 1～65 535 的唯一号码。因特网地址分配管理机构（IANA）负责这些号码的分配。如同 IP 地址有公有和私有地址之分，AS 号也有公有和私有之分。如果要连接到因特网主干，那就需要一个公有的 AS 号，如果将自己的内部网络划分成不同的系统，那么只使用私有 AS 号。需要强调的是，OSPF 明白 AS 概念，并不需要配置 AS 号。但是，其他协议需要，例如 EIGRP。

区域 Area 用于提供分层路由选择，一般用于控制路由选择信息何时以及如何通过网络共享。一个区域就是有相同区域标志的一组路由器和网络的集合，在同一区域内的路由器有相同的链路状态数据库。OSPF 实施两层的分层：主干和连接到主干的区域。每个区域都给予了一个唯一的编号，长度是 32 bit。区域号可以由单个的十进制数表示，例如 1，也可以用点分十进制格式表示，例如 0.0.0.1。区域 0 是一个特殊的区域，表示 OSPF 网络的顶层，即主干区域。不同区域交换路由信息必须经过区域 0。

 **OSPF 配置常用命令**

1. 系统视图下，启用 OSPF 动态路由协议

   `ospf [ process-id | router-id router-id ]`

   process-id 进程号用于标识 OSPF 进程，默认进程号为 1。OSPF 支持多进程，在同一台设备上可以运行多个不同的 OSPF 进程，它们之间互不影响，彼此独立。进程号只用于区分在同一路由器上运行的不同 OSPF。router-id 用于手工指定设备的 ID 号。例如 router-id 1.1.1.1 就是给路由器指定 ID 号为 1.1.1.1。OSPF 在计算最佳路径时，需要用 ID 号标识路由器。OSPF 确定路由器 ID 遵循如下顺序：
   - 最优先的是在 OSPF 进程中用命令 router-id 指定路由器的 ID 号。
   - 如果没有通过命令指定 ID 号，系统优先从 Loopback 地址中选择最大的 IP 地址作为路由器的 ID 号。
   - 如果没有配置 Loopback 接口，则在接口地址中选取最大的活动的物理接口 IP 地址作为路由器的 ID 号。

2. OSPF 视图下，创建并进入 OSPF 区域

   `area area-id`

   area 命令用来创建 OSPF 区域，并进入 OSPF 区域视图。area-id 可以是十进制整数或点分十进制格式，例如区域可表示为 0.0.0.0。采取整数形式时，取值范围是 0～4 294 967 295。区域 0 为主 OSPF 区域。注意，不同区域交换路由信息必须经过区域 0。某一区域要接 OSPF 路由区域 0，该区域必须至少有一台路由器为区域边界路由器，它既参与本区域路由，又参与区域 0 路由。

3. OSPF 区域视图下，指定运行 OSPF 的接口

   `network network-address wildcard-mask`

   network 命令用来指定运行 OSPF 协议的接口所属的网段。network-address 为接口所在的网段地址。wildcard-mask 为 IP 地址的反码，相当于将 IP 地址的掩码反转，即 0 变 1，1 变 0，例如，0.0.0.255 表示掩码长度 24 bit。

4. 接口视图下，配置 OSPF 接口开销

   `ospf cost cost`

   ospf cost 命令用来配置接口上运行 OSPF 协议所需的开销。默认情况下，OSPF 会根据接口的带宽自动计算其开销值，cost 取值范围是 1～65 535。

5. OSPF 视图下，设置 OSPF 带宽参考值

   `bandwidth-reference value`

   bandwidth-reference 命令用来设置通过公式计算接口开销所依据的带宽参考值。value 取值范围是 1～2 147 483 648。

6. 查看 OSPF 协议路由表

   `display ip routing-table protocol ospf`

7. 查看路由器上 OSPF 链路状态数据库表

```
display ospf lsdb
```

8. 查看路由器上运行 OSPF 协议的接口信息

```
display ospf interface
```

项目设计

A 公司网络动态路由协议 OSPF 配置由三部分组成：第一部分是搭建项目环境，配置终端计算机 PC 的 IP 地址等信息和路由器接口 IP 地址。终端计算机 PC 分属于 172.16.1.0/24、172.16.2.0/24 和 172.16.3.0/24 网络。路由器之间用串口连接的网络使用 192.168.0.0/24 的子网，具体实现方式是把网络划分为 64 个子网，从其中选择 3 个子网地址用于本网络环境。路由器之间的网络使用 192.168.1.0/24 的子网。第二部分是配置 OSPF 动态路由协议，设计图 12-1 中的所有路由器都在区域 0 中。第三部分是项目实施结果验证，PC 间能够互相通信。表 12-1 和表 12-2 分别给出了每台计算机和子网的详细设计参数。

表 12-1 计算机详细设计参数

计算机名	IP 地址	网 关
PC1	172.16.1.1/24	172.16.1.254/24
PC2	172.16.2.1/24	172.16.2.254/24
PC3	172.16.3.1/24	172.16.3.254/24

表 12-2 子网设计参数

序 号	子 网 号	子网掩码	子网地址	通 配 符
1	192.168.0.228	255.255.255.252	192.168.0.229-.230	0.0.0.3
2	192.168.0.232	255.255.255.252	192.168.0.233-.234	0.0.0.3
3	192.168.0.236	255.255.255.252	192.168.0.237-.238	0.0.0.3
4	192.168.1.16	255.255.255.252	192.168.1.17-.18	0.0.0.3
5	192.168.1.20	255.255.255.252	192.168.1.21-.22	0.0.0.3
6	192.168.1.24	255.255.255.252	192.168.1.25-.26	0.0.0.3

项目实施与验证

OSPF 的配置思路流程图如图 12-3 所示。

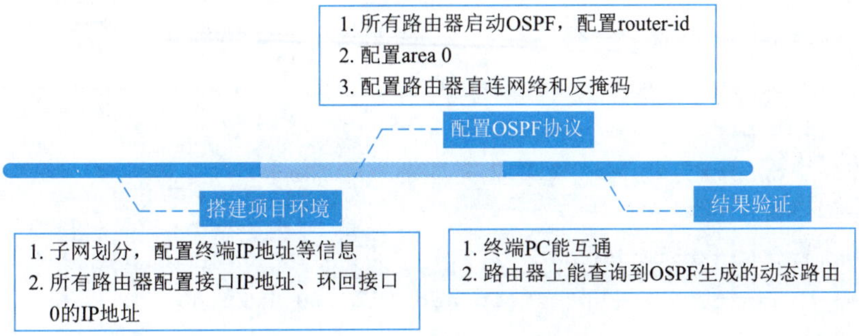

图 12-3 OSPF 配置思路流程图

一、搭建项目环境

1. 配置 IP 地址

如图 12-4 所示配置 PC1 的 IP 地址、子网掩码、网关，配置完成后点击应用保存设置。根据表 12-1，分别配置好图 12-1 网络中的其他计算机的 IP 地址。

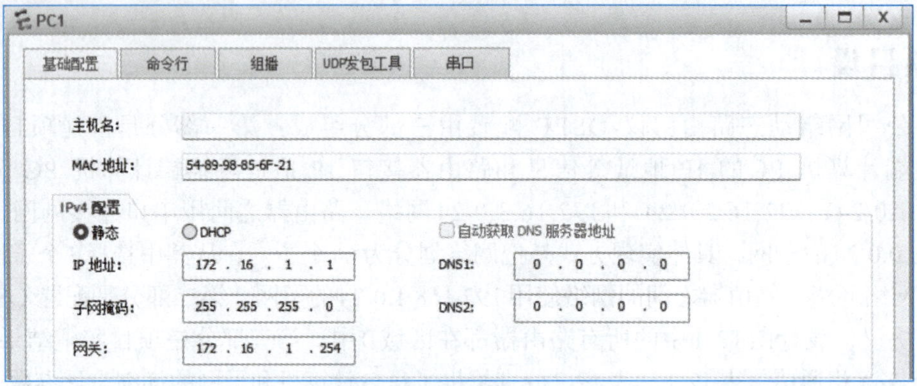

图 12-4　配置 PC1 的 IP 地址

2. 配置路由器接口

按照表 12-2 规划，路由器 AR1 接口 IP 地址配置命令如下：

```
<Huawei>sys
[Huawei]undo info-center enable
[Huawei]int LoopBack 0
[Huawei-LoopBack0]ip add 1.1.1.1 32
[Huawei-LoopBack0]quit
[Huawei]int GigabitEthernet 0/0/0
[Huawei-GigabitEthernet0/0/0]ip add 192.168.1.18 30
[Huawei-GigabitEthernet0/0/0]quit
[Huawei]int Serial 3/0/0
[Huawei-Serial3/0/0]ip add 192.168.0.229 30
[Huawei-Serial3/0/0]quit
[Huawei]int Serial 3/0/1
[Huawei-Serial3/0/1]ip add 192.168.0.233 30
```

路由器 AR2 接口 IP 地址配置命令如下：

```
<Huawei>sys
[Huawei]undo info-center enable
[Huawei]int LoopBack 0
[Huawei-LoopBack0]ip add 2.2.2.2 32
[Huawei-LoopBack0]quit
[Huawei]int GigabitEthernet 0/0/0
[Huawei-GigabitEthernet0/0/0]ip add 192.168.1.26 30
[Huawei-GigabitEthernet0/0/0]quit
```

```
[Huawei]int Serial 3/0/0
[Huawei-Serial3/0/0]ip add 192.168.0.230 30
[Huawei-Serial3/0/0]quit
[Huawei]int Serial 3/0/1
[Huawei-Serial3/0/1]ip add 192.168.0.237 30
```

路由器 AR3 接口 IP 地址配置命令如下：

```
<Huawei>sys
[Huawei]undo info-center enable
[Huawei]int LoopBack 0
[Huawei-LoopBack0]ip add 3.3.3.3 32
[Huawei-LoopBack0]quit
[Huawei]int GigabitEthernet 0/0/0
[Huawei-GigabitEthernet0/0/0]ip add 192.168.1.21 30
[Huawei-GigabitEthernet0/0/0]quit
[Huawei]int Serial 3/0/0
[Huawei-Serial3/0/0]ip add 192.168.0.234 30
[Huawei-Serial3/0/0]quit
[Huawei]int Serial 3/0/1
[Huawei-Serial3/0/1]ip add 192.168.0.238 30
```

路由器 AR4 接口 IP 地址配置命令如下：

```
<Huawei>sys
[Huawei]undo info-center enable
[Huawei]int LoopBack 0
[Huawei-LoopBack0]ip add 4.4.4.4 32
[Huawei-LoopBack0]quit
[Huawei]int GigabitEthernet 0/0/0
[Huawei-GigabitEthernet0/0/0]ip add 172.16.1.254 24
[Huawei-GigabitEthernet0/0/0]quit
[Huawei]int GigabitEthernet 0/0/1
[Huawei-GigabitEthernet0/0/1]ip add 192.168.1.17 30
```

路由器 AR5 接口 IP 地址配置命令如下：

```
<Huawei>sys
[Huawei]undo info-center enable
[Huawei]int LoopBack 0
[Huawei-LoopBack0]ip add 5.5.5.5 32
[Huawei-LoopBack0]quit
[Huawei]int GigabitEthernet 0/0/0
[Huawei-GigabitEthernet0/0/0]ip add 172.16.2.254 24
[Huawei-GigabitEthernet0/0/0]quit
```

```
[Huawei]int GigabitEthernet 0/0/1
[Huawei-GigabitEthernet0/0/1]ip add 192.168.1.22 30
```

路由器AR6接口IP地址配置命令如下：

```
<Huawei>sys
[Huawei]undo info-center enable
[Huawei]int LoopBack 0
[Huawei-LoopBack0]ip add 6.6.6.6 32
[Huawei-LoopBack0]quit
[Huawei]int GigabitEthernet 0/0/0
[Huawei-GigabitEthernet0/0/0]ip add 172.16.3.254 24
[Huawei-GigabitEthernet0/0/0]quit
[Huawei]int GigabitEthernet 0/0/1
[Huawei-GigabitEthernet0/0/1]ip add 192.168.1.25 30
```

二、配置 OSPF 协议

由于目前路由器路由表只有直连路由，为了实现不同网络终端设备通信，在所有路由器（AR1～AR6）上运行OSPF动态路由协议。

AR1 的 OSPF 配置如下：

```
<Huawei>sys
[Huawei]ospf 1 router-id 1.1.1.1
[Huawei-ospf-1]area 0
[Huawei-ospf-1-area-0.0.0.0]network 192.168.1.16 0.0.0.3
[Huawei-ospf-1-area-0.0.0.0]network 192.168.0.228 0.0.0.3
[Huawei-ospf-1-area-0.0.0.0]network 192.168.0.232 0.0.0.3
```

AR2 的 OSPF 配置如下：

```
<Huawei>sys
[Huawei]ospf 1 router-id 2.2.2.2
[Huawei-ospf-1]area 0
[Huawei-ospf-1-area-0.0.0.0]network 192.168.1.24 0.0.0.3
[Huawei-ospf-1-area-0.0.0.0]network 192.168.0.228 0.0.0.3
[Huawei-ospf-1-area-0.0.0.0]network 192.168.0.236 0.0.0.3
```

AR3 的 OSPF 配置如下：

```
<Huawei>sys
[Huawei]ospf 1 router-id 3.3.3.3
[Huawei-ospf-1]area 0
[Huawei-ospf-1-area-0.0.0.0]network 192.168.1.20 0.0.0.3
[Huawei-ospf-1-area-0.0.0.0]network 192.168.0.232 0.0.0.3
[Huawei-ospf-1-area-0.0.0.0]network 192.168.0.236 0.0.0.3
```

AR4 的 OSPF 配置如下：

```
<Huawei>sys
[Huawei]ospf 1 router-id 4.4.4.4
[Huawei-ospf-1]area 0
[Huawei-ospf-1-area-0.0.0.0]network 172.16.1.0 0.0.0.255
[Huawei-ospf-1-area-0.0.0.0]network 192.168.1.16 0.0.0.3
```

AR5 的 OSPF 配置如下：

```
<Huawei>sys
[Huawei]ospf 1 router-id 5.5.5.5
[Huawei-ospf-1]area 0
[Huawei-ospf-1-area-0.0.0.0]network 172.16.2.0 0.0.0.255
[Huawei-ospf-1-area-0.0.0.0]network 192.168.1.20 0.0.0.3
```

AR6 的 OSPF 配置如下：

```
<Huawei>sys
[Huawei]ospf 1 router-id 6.6.6.6
[Huawei-ospf-1]area 0
[Huawei-ospf-1-area-0.0.0.0]network 172.16.3.0 0.0.0.255
[Huawei-ospf-1-area-0.0.0.0]network 192.168.1.24 0.0.0.3
```

三、结果验证

下面显示了 AR1 路由表。从图中可知，除了 AR1 直连的 3 个网络，OSPF 生成了去往 6 个目的网络的路由表项，因此，图 12-5 中测试 PC3 与 PC1 和 PC2 的连通性的结果是成功的。同理，查看其他路由器的 OSPF 路由表，也会得到类似的结果。

```
<Huawei>dis ip routing-table protocol ospf
Route Flags: R - relay, D - download to fib
------------------------------------------------------------
Public routing table : OSPF
        Destinations : 6        Routes : 7
OSPF routing table status : <Active>
        Destinations : 6        Routes : 7
Destination/Mask    Proto   Pre  Cost  Flags  NextHop         Interface
172.16.1.0/24       OSPF    10   2     D      192.168.1.17    GigabitEthernet0/0/0
172.16.2.0/24       OSPF    10   50    D      192.168.0.234   Serial3/0/1
172.16.3.0/24       OSPF    10   50    D      192.168.0.230   Serial3/0/0
192.168.0.236/30    OSPF    10   96    D      192.168.0.234   Serial3/0/1
                    OSPF    10   96    D      192.168.0.230   Serial3/0/0
192.168.1.20/30     OSPF    10   49    D      192.168.0.234   Serial3/0/1
192.168.1.24/30     OSPF    10   49    D      192.168.0.230   Serial3/0/0
OSPF routing table status : <Inactive>
        Destinations : 0        Routes : 0
```

```
PC>ping 172.16.2.1

Ping 172.16.2.1: 32 data bytes, Press Ctrl_C to break
Request timeout!
From 172.16.2.1: bytes=32 seq=2 ttl=124 time=32 ms
From 172.16.2.1: bytes=32 seq=3 ttl=124 time=46 ms
From 172.16.2.1: bytes=32 seq=4 ttl=124 time=47 ms
From 172.16.2.1: bytes=32 seq=5 ttl=124 time=32 ms
```

```
PC>ping 172.16.3.1

Ping 172.16.3.1: 32 data bytes, Press Ctrl_C to break
Request timeout!
From 172.16.3.1: bytes=32 seq=2 ttl=124 time=47 ms
From 172.16.3.1: bytes=32 seq=3 ttl=124 time=31 ms
From 172.16.3.1: bytes=32 seq=4 ttl=124 time=31 ms
From 172.16.3.1: bytes=32 seq=5 ttl=124 time=47 ms
```

图 12-5　计算机 PC 测试连通性

在路由器 AR1 上查看 OSPF 数据库信息。

```
<Huawei>dis ospf lsdb

     OSPF Process 1 with Router ID 1.1.1.1
         Link State Database
            Area: 0.0.0.0
 Type       LinkState ID      AdvRouter       Age      Len      Sequence      Metric
 Router     4.4.4.4           4.4.4.4         474      48       80000008      1
 Router     2.2.2.2           2.2.2.2         464      84       8000000A      1
 Router     6.6.6.6           6.6.6.6         466      48       80000008      1
 Router     1.1.1.1           1.1.1.1         474      84       8000000B      1
 Router     5.5.5.5           5.5.5.5         464      48       80000008      1
 Router     3.3.3.3           3.3.3.3         463      84       8000000A      1
 Network    192.168.1.17      4.4.4.4         474      32       80000003      0
 Network    192.168.1.22      5.5.5.5         464      32       80000003      0
 Network    192.168.1.25      6.6.6.6         466      32       80000003      0
```

在链路状态数据库查询信息中，Area 显示 LSDB 信息的区域。Type 表示 LSA 类型。LinkState ID 是 LSA 报头中的链路状态 ID。AdvRouter 是指通告链路状态信息的路由器 ID。Len 是 LSA 的大小。Sequence 是 LSA 序列号。Metric 是度量值。

在路由器 AR1 上查看接口 GE 0/0/0 的 OSPF 信息，包括接口状态、路由器 ID 号、所在区域、OSPF 交换路由通告的统计信息等。

```
<Huawei>dis ospf interface GigabitEthernet 0/0/0

     OSPF Process 1 with Router ID 1.1.1.1
        Interfaces
 Interface: 192.168.1.18 (GigabitEthernet0/0/0)
 Cost: 1        State: BDR         Type: Broadcast       MTU: 1500
 Priority: 1
 Designated Router: 192.168.1.17
 Backup Designated Router: 192.168.1.18
 Timers: Hello 10 , Dead 40 , Poll  120 , Retransmit 5 , Transmit Delay 1
```

在路由器 AR1 上查看其 OSPF 的邻居信息，方便网络运维人员排除网络故障。从查询结果可知，AR1 有两个邻居，且状态为 Full，即成功建立邻居关系。

```
<Huawei>dis ospf peer
    OSPF Process 1 with Router ID 1.1.1.1
        Neighbors
Area 0.0.0.0 interface 192.168.1.18(GigabitEthernet0/0/0)'s neighbors
Router ID: 4.4.4.4          Address: 192.168.1.17
  State: Full  Mode:Nbr is  Master  Priority: 1
  DR: 192.168.1.17  BDR: 192.168.1.18  MTU: 0
  Dead timer due in 32  sec
  Retrans timer interval: 5
  Neighbor is up for 01:19:52
  Authentication Sequence: [ 0 ]


        Neighbors
Area 0.0.0.0 interface 192.168.0.229(Serial3/0/0)'s neighbors
Router ID: 2.2.2.2          Address: 192.168.0.230
  State: Full  Mode:Nbr is  Master  Priority: 1
  DR: None  BDR: None  MTU: 0
  Dead timer due in 34  sec
  Retrans timer interval: 5
  Neighbor is up for 01:20:11
  Authentication Sequence: [ 0 ]


        Neighbors
Area 0.0.0.0 interface 192.168.0.233(Serial3/0/1)'s neighbors
Router ID: 3.3.3.3          Address: 192.168.0.234
  State: Full  Mode:Nbr is  Master  Priority: 1
  DR: None  BDR: None  MTU: 0
  Dead timer due in 30  sec
  Retrans timer interval: 0
  Neighbor is up for 01:20:16
  Authentication Sequence: [ 0 ]
```

拓展学习

OSPF 协议之所以能持续适应网络的变化，离不开不断地自我更新与学习。随着科技和社会的快速发展，时代变革迅猛，要想应对未来的挑战与机遇，我们应积极面对和主动适应这些变化，不断提高自己的能力和素质。我们可以依托互联网，利用网络资源进行学习和思考，不断开阔自己的视野，增强领悟和分析问题的能力。接受新观念，了解多元文化，不断注重提高自己的思考能力，在不同领域中不断进步，积极发掘自己的能力与特长。养成勇于尝试、敢于创新的精神和习惯，通过掌握新技术和学习新知识，提高创新与实践能力，在多元化的社会中锻炼适应、创新能力，增强自己的竞争力。在时代的迅猛变化中，始终坚持初心，把理想转化为现实，勇于走出一条新时代的崭新的路径。

习 题

1. (多选)在建立 OSPF 邻居和邻接关系的过程中,稳定的状态是(　　)。
   A. Exstart　　　　B. Two-way　　　　C. Exchange　　　　D. Full
2. (多选)以下哪种情况下路由器之间会建立邻接关系?(　　)
   A. 点到点链路上的两台路由器
   B. 广播型网络中的 DR 和 BDR
   C. NBMA 网络中的 DRother 和 DRother
   D. 广播型网络中的 BDR 和 DRother
3. 简述 OSPF 协议。
4. 总结配置 OSPF 的一般步骤。
5. 根据图 12-1 所示的网络环境,配置单区域 OSPF 是否可选 area1?为什么?

项目 13

广域网 PPP 协议部署

【知识目标】

(1) 了解广域网基本概念和发展历史。

(2) 掌握 PPP 的工作原理。

(3) 掌握 PAP 和 CHAP 的认证配置命令。

【技能目标】

具备在广域网链路上配置 PAP 和 CHAP 认证的能力。

【素养目标】

(1) 通过 PAP 和 CHAP 安全认证配置培养网络安全意识。

(2) 通过基于量子密钥分发等更加安全、高效的认证协议和技术,培养网络安全技术前瞻性。

项目描述

A 公司是一家国内企业,经过多年发展,成为一家著名的跨国公司,分别在纽约、东京和伦敦设有分公司。为了跟上公司快速业务发展的步伐,公司逐步建成了图 13-1 所示的计算机广域网。公司国内路由器与公司分部路由器之间使用广域网链路连接,连接接口封装 PPP。考虑到 PPP 认证方面的要求,还必须配置 PAP 或 CHAP 安全认证协议。

视频

广域网PPP协议配置

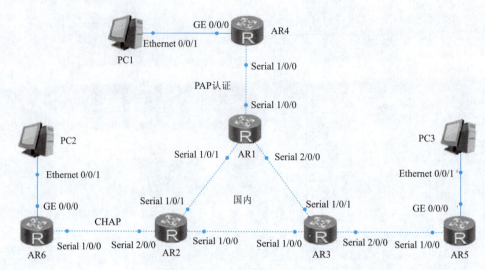

图 13-1 网络拓扑结构图

知识链接

一、广域网简介

广域网是连接不同地区局域网的网络，通常所覆盖的范围从几十千米到几千千米。它能连接多个地区、城市和国家，或横跨几个洲，提供远距离通信，形成国际性的远程网络，如图 13-2 所示。

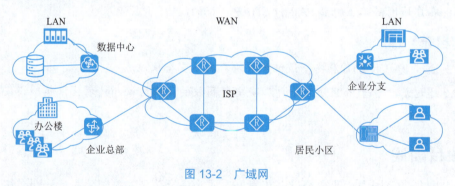

图 13-2 广域网

早期广域网与局域网的区别在于数据链路层和物理层的差异性，在 TCP/IP 参考模型中，其他各层无差异，如图 13-3 所示。

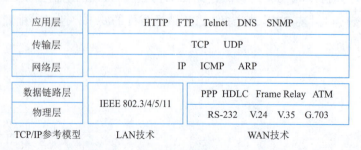

图 13-3 广域网与局域网技术区别

早期广域网常用的物理层标准有 EIA（electronic industries alliance，电子工业协会）和 TIA（telecommunications industry association，电信工业协会）制定的公共物理层接口标准 EIA/TIA-232，即 RS-232，ITU（international telecommunication union，国际电信联盟）制定的串行线路接口标准 V.24 和 V.35，以及有关各种数字接口的物理和电气特性的 G.703 标准等。

广域网常见的数据链路层标准有 HDLC（high-level data link control，高级数据链路控制）、PPP（point-to-point protocol，点到点协议）、FR（frame relay，帧中继）、ATM 异步传输模式等。

HDLC 协议是一种通用的协议，工作在数据链路层。数据报文加上头开销和尾开销后封装成 HDLC 帧，只支持点到点的同步链路上的数据传输，不支持 IP 地址协商与认证，过于追求高可靠性，导致数据帧开销较大，传输效率较低。PPP 协议工作在数据链路层，主要用在支持全双工的同、异步链路上，进行点到点之间的数据传输。由于它能够提供用户认证，易于扩充，并且支持同、异步通信，因而获得广泛应用。

帧中继是一种工业标准的、交换式的数据链路协议，通过使用无差错校验机制，加快了数据转发速度。

ATM 是建立在电路交换和分组交换基础上的一种面向连接的交换技术，ATM 传送信息的基本载体是 53 B 固定长度 ATM 信元。

广域网络设备基本角色有三种，CE（customer edge，用户边缘设备）、PE（provider edge，服务提供商边缘设备）和 P（provider，服务提供商设备），如图 13-4 所示。CE 是用户端连接服务提供商的边缘设备。CE 连接一个或多个 PE，实现用户接入。PE 是服务提供商连接 CE 的边缘设备。PE 同时连接 CE 和 P 设备，是重要的网络节点。P 是服务提供商，不连接任何 CE 的设备。在 CE 与 PE 之间常用的广域网封装协议有 PPP/HDLC/FR 等，用于解决用户接入广域网的长距离传输问题。在 ISP 内部常用的广域网协议主要是 ATM，它用于解决主干网高速转发的问题。

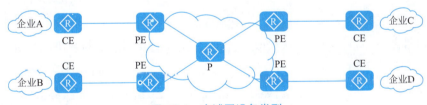

图 13-4　广域网设备类型

二、PPP 协议原理

PPP（point-to-point protocol，点到点协议）是一种常见的广域网数据链路层协议，主要用于在全双工的链路上进行点到点的数据传输封装。PPP 协议具有良好的扩展性，例如，当需要在以太网链路上承载 PPP 协议时，PPP 可以扩展为 PPPoE。PPP 提供了安全认证协议族 PAP（password authentication protocol，密码验证协议）和 CHAP（challenge handshake authentication protocol，挑战握手认证协议）。PPP 协议提供 LCP（link control protocol，链路控制协议），用于各种链路层参数的协商，例如最大接收单元、认证模式等。PPP 协议提供各种 NCP（network control protocol，网络控制协议），如 IPCP（IP control protocol，IP

控制协议），用于各网络层参数的协商，支持网络层协议。

PPP 链路的建立有三个阶段的协商过程：链路层协商、认证协商（可选）和网络层协商。链路层协商通过 LCP 报文进行链路参数协商，建立链路层连接；认证协商通过链路建立阶段协商的认证方式进行链路认证；网络层协商通过 NCP 协商来选择和配置一个网络层协议并进行网络层参数协商。

认证协商有两种模式，即 PAP 和 CHAP。

PAP 认证协议为两次握手认证协议，密码以明文方式在链路上发送。首先，被认证方将自己的用户名和密码信息以明文方式发送给认证方。认证方收到被认证方发送的用户名和密码信息之后，根据本地配置的用户名和密码数据库检查用户名和密码信息是否匹配。如果匹配，则表示认证成功。否则，表示认证失败。

CHAP 认证过程需要三次报文的交互。认证方主动发起认证请求，认证方向被认证方发送包含随机数和 ID 的报文。被认证方收到报文后，将自己的密码进行一次加密运算，运算公式为 MD5（ID＋随机数＋密码），即将 ID、随机数和密码三部分连成一个字符串，然后对此字符串做 MD5 运算，得到一个 16 B 长的摘要信息，然后将包含此摘要信息和接口上配置的 CHAP 用户名的报文发回认证方。认证方接收到被认证方发送的报文之后，按照其中的用户名在本地数据库查找相应的密码信息，得到密码信息之后，进行一次加密运算，运算方式与被认证方的加密运算方式相同；然后将加密运算得到的摘要信息和接收到的报文中封装的摘要信息做比较，相同则认证成功，不相同则认证失败。

使用 CHAP 认证方式时，被认证方的密码是被加密后才进行传输的，这样就极大地提高了安全性。使用加密算法时，MD5 加密算法安全性低，存在安全风险，在协议支持的加密算法选择范围内，建议使用更安全的加密算法，例如 AES/RSA/SHA2/HMAC-SHA2。

PPP 配置常用命令

1. 配置接口封装 PPP 协议

```
link-protocal ppp
```

在接口视图下，将接口封装协议改为 ppp，华为串行接口默认封装协议为 ppp。

2. PAP 认证方式时，配置验证方

```
local-user user-name password { cipher | irreversible-cipher } password
local-user user-name service-type ppp
```

3. 配置 PAP 认证方式，并且指明是验证方

```
ppp authentication-mode pap
```

配置验证方以 PAP 方式认证对端，首先需要通过 AAA 认证方式将被验证方的用户名和密码加入本地用户名和密码数据，然后选择认证模式。

4. PAP 认证方式时，配置被验证方

```
ppp pap local-user user-name password { cipher | simple } password
```

PAP 方式认证时，被验证方发送用户名和密码。

5. CHAP 认证方式时，配置验证方

```
local-user user-name password {cipher | irreversible-cipher } password
local-user user-name service-type ppp
```

配置验证方以 CHAP 方式认证对端，首先需要通过 AAA 认证方式将被验证方的用户名和密码加入本地用户名和密码数据。

6. 配置 CHAP 认证方式，并且指明是验证方

```
ppp authentication-mode chap
```

7. CHAP 认证方式时，配置被验证方

```
ppp chap user user-name
ppp chap password { cipher | simple } password
```

配置被验证方用户名和密码。

项目设计

A 公司广域网安全配置由四部分组成。第一部分是搭建项目环境，配置终端计算机的 IP 地址和路由器接口。终端计算机分属于 10.0.0.0/8、172.16.0.0/16 和 192.168.1.0/24 网络，路由器之间用串口连接的网络使用 200.199.198.0/24 网段，对该网段进行子网划分，子网掩码的长度为 30，设计使用该网段的第 1 到第 6 号子网。第二部分是配置 OSPF 动态路由协议，实现网络互通，设计图 13-1 中的所有路由器都在区域 0 中。第三部分是 PPP 的 PAP 认证配置。在 AR1 和 AR4 链路配置 PAP 认证。第四部分是 PPP 的 CHAP 认证。在 AR2 和 AR6 链路配置 CHAP 认证。表 13-1 和表 13-2 分别给出了每台计算机和子网的详细设计参数。

表 13-1 计算机详细设计参数

计算机名	IP 地址	网 关
PC1	10.0.0.1/8	10.0.0.254/8
PC2	192.168.1.1/24	192.168.1.254/24
PC3	172.16.0.1/16	172.16.0.254/16

表 13-2 子网设计参数

序 号	接 口	子 网 号	子网地址	通 配 符
AR1	Serial 1/0/0	200.199.198.12/30	200.199.198.14	0.0.0.3
	Serial 1/0/1	200.199.198.8/30	200.199.198.9	
	Serial 2/0/0	200.199.198.0/30	200.199.198.2	
AR2	Serial 1/0/0	200.199.198.4/30	200.199.198.5	0.0.0.3
	Serial 1/0/1	200.199.198.8/30	200.199.198.10	
	Serial 2/0/0	200.199.198.20/30	200.199.198.22	
AR3	Serial 1/0/0	200.199.198.4/30	200.199.198.6	0.0.0.3
	Serial 1/0/1	200.199.198.0/30	200.199.198.1	
	Serial 2/0/0	200.199.198.16/30	200.199.198.17	

续表

序 号	接 口	子 网 号	子 网 地 址	通 配 符
AR4	Serial 1/0/0	200.199.198.12	200.199.198.13	0.0.0.3
AR5	Serial 1/0/0	200.199.198.16/30	200.199.198.18	0.0.0.3
AR6	Serial 1/0/0	200.199.198.20/30	200.199.198.21	0.0.0.3

项目实施与验证

广域网 PPP 链路的 PAP 和 CHAP 认证配置思路流程图如图 13-5 所示。

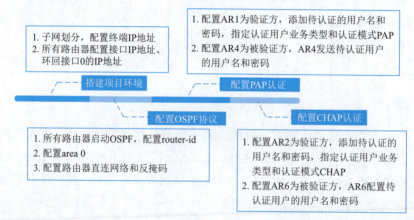

图 13-5　PAP 和 CHAP 认证配置思路流程图

一、搭建项目环境

1. 配置 IP 地址

如图 13-6 所示配置 PC1 的 IP 地址、子网掩码、网关，配置完成后单击"应用"按钮保存设置。按照同样的方法，分别配置好图 13-1 网络中的其他计算机的 IP 地址。

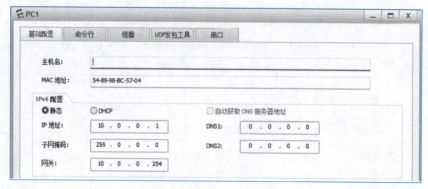

图 13-6　配置 PC1 的 IP 地址

2. 配置路由器接口

按照表 13-2 规划，配置路由器 AR1～AR6 接口 IP 地址，建立路由器与路由器、路由器与终端的连接。

路由器 AR1 接口 IP 地址配置命令如下：

```
<Huawei>sys
[Huawei]undo info-center enable
[Huawei]int Serial 1/0/0
[Huawei-Serial1/0/0]ip address 200.199.198.14 30
[Huawei-Serial1/0/0]quit
[Huawei]int Serial 1/0/1
[Huawei-Serial1/0/1]ip add 200.199.198.9 30
[Huawei-Serial1/0/1]quit
[Huawei]int Serial 2/0/0
[Huawei-Serial2/0/0]ip add 200.199.198.2 30
[Huawei-Serial2/0/0]quit
```

路由器 AR2 接口 IP 地址配置命令如下：

```
<Huawei>sys
[Huawei]undo info-center enable
[Huawei]int Serial 1/0/0
[Huawei-Serial1/0/0]ip add 200.199.198.5 30
[Huawei-Serial1/0/0]quit
[Huawei]int Serial 1/0/1
[Huawei-Serial1/0/1]ip add 200.199.198.10 30
[Huawei-Serial1/0/1]quit
[Huawei]int Serial 2/0/0
[Huawei-Serial2/0/0]ip add 200.199.198.22 30
[Huawei-Serial2/0/0]quit
```

路由器 AR3 接口 IP 地址配置命令如下：

```
<Huawei>sys
[Huawei]undo info-center enable
[Huawei]int Serial 1/0/0
[Huawei-Serial1/0/0]ip add 200.199.198.6 30
[Huawei-Serial1/0/0]quit
[Huawei]int Serial 1/0/1
[Huawei-Serial1/0/1]ip add 200.199.198.1 30
[Huawei-Serial1/0/1]quit
[Huawei]int Serial 2/0/0
[Huawei-Serial2/0/0]ip add 200.199.198.17 30
[Huawei-Serial2/0/0]quit
```

路由器 AR4 接口 IP 地址配置命令如下：

```
<Huawei>sys
[Huawei]undo info-center enable
[Huawei]int GigabitEthernet 0/0/0
[Huawei-GigabitEthernet0/0/0]ip add 10.0.0.254 8
[Huawei-GigabitEthernet0/0/0]quit
```

```
[Huawei]int Serial 1/0/0
[Huawei-Serial1/0/0]ip add 200.199.198.13 30
[Huawei-Serial1/0/0]quit
```

路由器 AR5 接口 IP 地址配置命令如下：

```
<Huawei>sys
[Huawei]undo info-center enable
[Huawei]int GigabitEthernet 0/0/0
[Huawei-GigabitEthernet0/0/0]ip add 172.16.0.254 16
[Huawei-GigabitEthernet0/0/0]quit
[Huawei]int Serial 1/0/0
[Huawei-Serial1/0/0]ip add 200.199.198.18 30
[Huawei-Serial1/0/0]quit
```

路由器 AR6 接口 IP 地址配置命令如下：

```
<Huawei>sys
[Huawei]undo info-center enable
[Huawei]int GigabitEthernet 0/0/0
[Huawei-GigabitEthernet0/0/0]ip add 192.168.1.254 24
[Huawei-GigabitEthernet0/0/0]quit
[Huawei]int Serial 1/0/0
[Huawei-Serial1/0/0]ip add 200.199.198.21 30
[Huawei-Serial1/0/0]quit
```

由于目前路由器路由表只有直连路由，因此 PC1 与网络中其他主机 PC2 和 PC3 通信时显示超时，终端间不能通信，如图 13-7 所示。

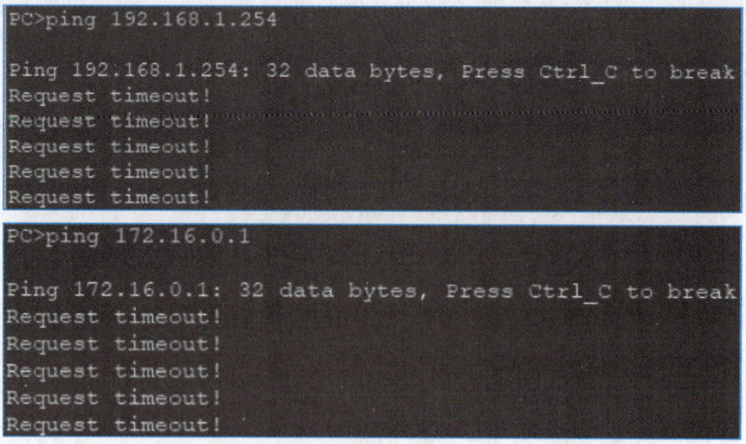

```
PC>ping 192.168.1.254

Ping 192.168.1.254: 32 data bytes, Press Ctrl_C to break
Request timeout!
Request timeout!
Request timeout!
Request timeout!
Request timeout!

PC>ping 172.16.0.1

Ping 172.16.0.1: 32 data bytes, Press Ctrl_C to break
Request timeout!
Request timeout!
Request timeout!
Request timeout!
Request timeout!
```

图 13-7　未配置 OSPF 时，终端 PC 连通性检测

二、配置 OSPF 协议

为了实现不同网络终端设备通信，在所有路由器 AR1～AR6 上运行 OSPF 动态路由协议。AR1 的 OSPF 配置如下：

```
<Huawei>sys
[Huawei]int LoopBack 0
[Huawei-LoopBack0]ip add 1.1.1.1 32
[Huawei-LoopBack0]quit
[Huawei]ospf 1 router-id 1.1.1.1
[Huawei-ospf-1]area 0
[Huawei-ospf-1-area-0.0.0.0]network 200.199.198.12 0.0.0.3
[Huawei-ospf-1-area-0.0.0.0]network 200.199.198.8 0.0.0.3
[Huawei-ospf-1-area-0.0.0.0]network 200.199.198.0 0.0.0.3
```

AR2 的 OSPF 配置如下:

```
<Huawei>sys
[Huawei]int LoopBack 0
[Huawei-LoopBack0]ip add 2.2.2.2 32
[Huawei-LoopBack0]quit
[Huawei]ospf 1 router-id 2.2.2.2
[Huawei-ospf-1]area 0
[Huawei-ospf-1-area-0.0.0.0]network 200.199.198.8 0.0.0.3
[Huawei-ospf-1-area-0.0.0.0]network 200.199.198.4 0.0.0.3
[Huawei-ospf-1-area-0.0.0.0]network 200.199.198.20 0.0.0.3
```

AR3 的 OSPF 配置如下:

```
<Huawei>sys
[Huawei]int LoopBack 0
[Huawei-LoopBack0]ip add 3.3.3.3 32
[Huawei-LoopBack0]quit
[Huawei]ospf 1 router-id 3.3.3.3
[Huawei-ospf-1]area 0
[Huawei-ospf-1-area-0.0.0.0]network 200.199.198.4 0.0.0.3
[Huawei-ospf-1-area-0.0.0.0]network 200.199.198.0 0.0.0.3
[Huawei-ospf-1-area-0.0.0.0]network 200.199.198.16 0.0.0.3
```

AR4 的 OSPF 配置如下:

```
<Huawei>sys
[Huawei]int LoopBack 0
[Huawei-LoopBack0]ip add 4.4.4.4 32
[Huawei-LoopBack0]quit
[Huawei]ospf 1 router-id 4.4.4.4
[Huawei-ospf-1]area 0
[Huawei-ospf-1-area-0.0.0.0]network 10.0.0.0 0.255.255.255
[Huawei-ospf-1-area-0.0.0.0]network 200.199.198.12 0.0.0.3
```

AR5 的 OSPF 配置如下:

```
<Huawei>sys
[Huawei]int LoopBack 0
[Huawei-LoopBack0]ip add 5.5.5.5 32
[Huawei-LoopBack0]quit
[Huawei]ospf 1 router-id 5.5.5.5
[Huawei-ospf-1]area 0
[Huawei-ospf-1-area-0.0.0.0]network 172.16.0.0 0.0.255.255
[Huawei-ospf-1-area-0.0.0.0]network 200.199.198.16 0.0.0.3
```

AR6 的 OSPF 配置如下：

```
<Huawei>sys
[Huawei]int LoopBack 0
[Huawei-LoopBack0]ip add 6.6.6.6 32
[Huawei-LoopBack0]quit
[Huawei]ospf 1 router-id 6.6.6.6
[Huawei-ospf-1]area 0
[Huawei-ospf-1-area-0.0.0.0]network 192.168.1.0 0.0.0.255
[Huawei-ospf-1-area-0.0.0.0]network 200.199.198.20 0.0.0.3
```

AR1 路由表查询结果如下：

```
<Huawei>dis ip routing-table protocol ospf
Route Flags: R - relay, D - download to fib
------------------------------------------------------------
Public routing table : OSPF
         Destinations : 6        Routes : 7

OSPF routing table status : <Active>
         Destinations : 6        Routes : 7

Destination/Mask    Proto  Pre  Cost  Flags  NextHop          Interface

        10.0.0.0/8   OSPF   10   49     D    200.199.198.13   Serial1/0/0
      172.16.0.0/16  OSPF   10   97     D    200.199.198.1    Serial2/0/0
     192.168.1.0/24  OSPF   10   97     D    200.199.198.10   Serial1/0/1
   200.199.198.4/30  OSPF   10   96     D    200.199.198.10   Serial1/0/1
                     OSPF   10   96     D    200.199.198.1    Serial2/0/0
  200.199.198.16/30  OSPF   10   96     D    200.199.198.1    Serial2/0/0
  200.199.198.20/30  OSPF   10   96     D    200.199.198.10   Serial1/0/1

OSPF routing table status : <Inactive>
         Destinations : 0        Routes : 0
```

除了 AR1 直连的 3 个网络，OSPF 生成了去往 6 个目的网络的路由表项，因此，图 13-8 中测试 PC3 与 PC1 和 PC2 的连通性的结果是成功的。同理，查看其他路由器的 OSPF 路由表，也会得到类似的结果。

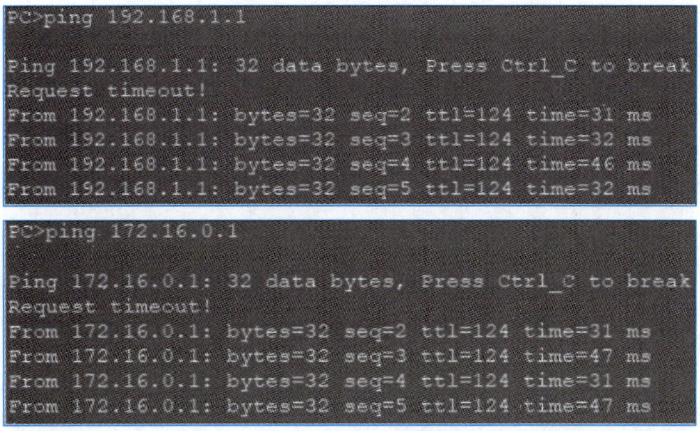

```
PC>ping 192.168.1.1

Ping 192.168.1.1: 32 data bytes, Press Ctrl_C to break
Request timeout!
From 192.168.1.1: bytes=32 seq=2 ttl=124 time=31 ms
From 192.168.1.1: bytes=32 seq=3 ttl=124 time=32 ms
From 192.168.1.1: bytes=32 seq=4 ttl=124 time=46 ms
From 192.168.1.1: bytes=32 seq=5 ttl=124 time=32 ms

PC>ping 172.16.0.1

Ping 172.16.0.1: 32 data bytes, Press Ctrl_C to break
Request timeout!
From 172.16.0.1: bytes=32 seq=2 ttl=124 time=31 ms
From 172.16.0.1: bytes=32 seq=3 ttl=124 time=47 ms
From 172.16.0.1: bytes=32 seq=4 ttl=124 time=31 ms
From 172.16.0.1: bytes=32 seq=5 ttl=124 time=47 ms
```

图 13-8　终端测试连通性

查看路由器 AR1 接口 Serial 1/0/0 所封装的协议，其接口封装的是 PPP 协议。

```
<Huawei>display interface Serial1/0/0
Serial1/0/0 current state : UP
Line protocol current state : UP
Last line protocol up time : 2023-04-30 05:03:54 UTC-08:00
Description:HUAWEI, AR Series, Serial1/0/0 Interface
Route Port,The Maximum Transmit Unit is 1500, Hold timer is 10(sec)
Internet Address is 200.199.198.14/30
Link layer protocol is PPP
LCP opened, IPCP opened
```

三、配置 PAP 认证

在 AR1 与 AR4 之间的 PPP 链路上启用 PAP 认证，AR1 配置为验证方，AR4 配置为被验证方。AR1 上添加被验证方用户信息：用户为 huawei，用户密码为 huawei123。

1. 验证方路由器 AR1 配置命令如下：

```
[Huawei]aaa
[Huawei-aaa]local-user huawei password cipher huawei123
[Huawei-aaa]local-user huawei service-type ppp    #指定认证用户业务类型为 ppp
[Huawei]interface Serial 1/0/0
[Huawei-Serial1/0/0]ppp authentication-mode pap    #指定认证模式为 PAP 和验证方
```

2. 被验证方路由器 AR4 配置命令如下：

```
[Huawei]interface Serial 1/0/0
[Huawei-Serial1/0/0]link-protocol ppp
[Huawei-Serial1/0/0]ppp pap local-user huawei password cipher huawei123
#被验证方发送用户信息
```

PAP 认证配置完成后需要在接口上使用 shutdown 和 undo shudown 命令重启接口，使 PAP 认证生效。

3. 验证终端连通性

如果 PAP 认证配置正确，则网络的连通性不受影响，如果配置错误，则经过链路的数据无法发送，网络的连通性会受到影响。PAP 认证成功配置后连通性检测结果如下所示：

```
PC>ping 192.168.1.1
--- 192.168.1.1 ping statistics ---
  5 packet(s) transmitted
  5 packet(s) received
  0.00% packet loss
  round-trip min/avg/max = 16/31/47 ms

PC>ping 172.16.0.1

--- 172.16.0.1 ping statistics ---
  5 packet(s) transmitted
  4 packet(s) received
  20.00% packet loss
  round-trip min/avg/max = 0/39/47 ms
```

四、配置 CHAP 认证

在 AR2 与 AR6 之间的 PPP 链路上启用 CHAP 认证，AR2 配置为验证方，AR6 配置为被验证方。AR2 上添加待认证用户信息：用户为 huawei，用户密码为 huawei123。

1. 验证方路由器 AR2 配置命令如下：

```
[Huawei]aaa
[Huawei-aaa]local-user huawei password cipher huawei123
[Huawei-aaa]local-user huawei service-type ppp
[Huawei]interface Serial 2/0/0
[Huawei-Serial2/0/0]ppp authentication-mode chap
```

2. 被验证方路由器 AR4 配置命令如下：

```
<Huawei>sys
[Huawei]interface Serial 1/0/0
[Huawei-Serial1/0/0]ppp chap user huawei
[Huawei-Serial1/0/0]ppp chap password cipher huawei123
```

3. 验证终端连通性

如果 CHAP 认证配置正确，网络的连通性不受影响；如果配置错误，经过链路的数据无法发送，网络的连通性会受到影响。CHAP 认证成功配置后，连通性检测结果如下所示：

```
PC>ping 10.0.0.1

--- 10.0.0.1 ping statistics ---
  5 packet(s) transmitted
  4 packet(s) received
  20.00% packet loss
  round-trip min/avg/max = 0/39/47 ms
```

```
PC>ping 172.16.0.1

--- 172.16.0.1 ping statistics ---
  5 packet(s) transmitted
  4 packet(s) received
  20.00% packet loss
  round-trip min/avg/max = 0/39/47 ms
```

拓展学习

在集团内的总部与分部间的广域网链路上,则使用 PPP 协议完成 PPP 链路封装,并采用 PAP 和 CHAP 安全验证,确保数据的安全传输。

广域网确保了总部和各级分支机构之间的互联互通,但是,随着广域网上各种应用的业务量和复杂度不断提升,其安全及性能问题变得越来越突出。2013 年"棱镜门"事件,英国《卫报》曝光了代号"棱镜"的美国秘密监听项目,其监听对象不仅包括美国民众,也包括法国、德国等欧洲国家的政要和百姓。

广域网的普及程度越来越高,其面临的安全攻击也逐渐呈现出了智能化、破坏范围广、攻击渠道多和感染速度快等特点,安全攻击造成的损失越来越严重,容易给政企单位带来不可挽回的损失。为了保障广域网网络安全,可以采用先进的安全保护、安全响应、安全反击等技术构建一个主动化防御系统,进一步提高系统防御能力。

习 题

1. 常用的广域网有哪些?
2. PPP 认证的方法有哪些?各自的特点是什么?
3. 常用的广域网数据链路层协议有哪些?
4. 总结 PPP 配置的基本步骤。

项目 14

访问控制列表 ACL 部署

【知识目标】

（1）掌握路由器的访问控制列表的基本知识。
（2）熟练掌握基本访问控制列表的配置方法与命令。
（3）熟练掌握扩展访问控制列表的配置方法与命令。

【技能目标】

（1）能根据网络安全实际需求配置标准访问控制列表。
（2）具备配置扩展访问控制列表的能力。

【素养目标】

通过 ACL 部署，培养初步的网络访问权限的设计能力和网络安全防范意识。

项目描述

访问控制列表ACL部署

如图 14-1 所示，A 公司的局域网 192.168.1.0/24 有两个子网，分别是子网 192.168.1.0/25 和子网 192.168.1.128/25。前一个子网是由公司的计算机组成的局域网，后一个子网是公司的网络资源子网，包括 WWW 和 DNS 网络资源。为保证公

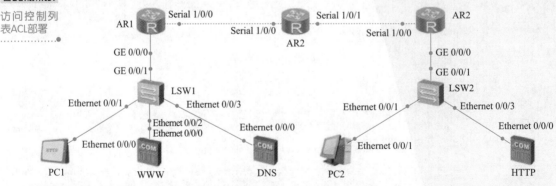

图 14-1 A 公司网络拓扑图

司信息安全，公司决定不允许合作伙伴公司的局域网 202.102.13.0/24 的主机访问本公司的网络资源，但允许与本公司的主机通信。为了提高员工工作效率，公司规定公司员工的主机不能访问外网的 HTTP 资源。

知识链接

随着网络的飞速发展，网络安全和网络服务质量（quality of service，QoS）问题日益突出，访问控制列表（access control list，ACL）是与其紧密相关的一个技术。ACL 可以通过对网络中报文流的精确识别，与其他技术结合，达到控制网络访问行为、防止网络攻击和提高网络带宽利用率的目的，从而切实保障网络环境的安全性和网络服务质量的可靠性。不同的网络设备厂商在 ACL 技术的实现上各不相同，在此处只涉及华为网络设备上所实现的 ACL 技术，包含 ACL 的基本原理和基本作用、ACL 的不同种类及特点、ACL 的基本组成和匹配顺序、通配符的使用方法等相关配置。

一、ACL 访问控制列表概述

ACL 是由 permit 或 deny 语句组成的一系列有顺序的规则的集合，是能够匹配一个 IP 数据包中的源 IP 地址、目的 IP 地址、协议类型、源目的端口等元素的基础性工具，它通过匹配报文的相关字段实现对报文的分类。除此之外，ACL 还能够用于匹配路由条目。

二、ACL 访问控制列表的组成

ACL 由若干条 permit 或 deny 语句组成。ACL 语句由编号、规则、规则编号、动作、和匹配项组成，具体如图 14-2 所示。

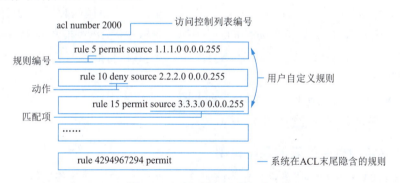

图 14-2　访问控制列表组成

（1）ACL 编号：配置 ACL 时，每个 ACL 都需要分配一个编号用来标识 ACL。不同分类的 ACL 编号范围不同，具体内容在 ACL 访问控制列表的分类部分详述。

（2）规则：ACL 通常由若干条 permit/deny 语句组成，ACL 语句就是 ACL 的规则。

（3）规则编号：每条规则都有一个相应的编号，称为规则编号，可以自定义，也可以系统自动分配。ACL 规则编号范围是 0～4 294 967 294，所有规则均按照规则编号从小到大进行排序。系统自动为 ACL 规则分配编号时，每个相邻规则编号之间会有一个差值，这个差值称为"步长"。默认步长为 5，所以系统分配编号就是 5/10/15……依此类推。步长可以调整，如果将步长改为 2，系统则会自动从当前步长值开始重新排列规则编号，规则编号就变成2、4、6……设置步长的作用是方便后续在旧规则之间插入新的规则。

（4）动作：每条规则中的 permit 或 deny，就是与这条规则相对应的处理动作，permit 指允许，deny 指拒绝。ACL 一般是结合其他技术使用，不同的场景，处理动作的含义也有所不同。ACL 如果与流量过滤技术结合使用，permit 就是允许通行的意思，deny 就是拒绝通行。

（5）匹配项：ACL 定义了极其丰富的匹配项，图 14-2 中体现的是源地址匹配。ACL 还支持很多其他规则匹配项。例如：二层以太网帧头信息如源 MAC、目的 MAC、以太帧协议类型，三层报文信息如目的地址、协议类型，以及四层报文信息如 TCP/UDP 端口号等。当进行 IP 地址匹配的时候，后面会跟着32位掩码位，这32位称为通配符。通配符是点分十进制格式，换算成二进制后，"0"表示"匹配"，"1"表示"不关心"。当通配符全为0来匹配 IP 地址时，表示精确匹配某个IP 地址；当通配符全为1来匹配0.0.0.0地址时，表示匹配了所有 IP 地址。

三、ACL 访问控制列表的分类

ACL 访问控制列表按照ACL规则定义方式，可分为基本 ACL、高级 ACL、二层 ACL、用户自定义 ACL 和用户 ACL。按照 ACL 标识方法可分为数字型 ACL 和命名型 ACL。

基本 ACL 的编号范围为 2 000～2 999，使用报文的源 IP 地址、分片信息和生效时间段信息来定义规则。高级 ACL 的编号范围为 3 000～3 999，使用 IPv4 报文的源 IP 地址、目的 IP 地址、IP 协议类型、ICMP 类型、TCP 源/目的端口号、UDP 源/目的端口号、生效时间段等来定义规则。二层 ACL 的编号范围为 4 000～4 999，使用以太网帧头信息来定义规则，如根据源 MAC 地、目的 MAC 地址、二层协议类型等来定义规则。用户自定义 ACL 的编号范围为 5 000～5 999，使用报文头、偏移位置、字符串掩码和用户自定义字符串来定义规则。用户 ACL 的编号范围为 6 000～6 999，既可使用 IPv4 报文的源 IP 地址，也可使用目的 IP 地址、IP 协议类型、ICMP 类型、TCP 源端口/目的端口、UDP 源端口/目的端口号等来定义规则。

数字型 ACL 是传统 ACL 标识方法。创建 ACL 时，指定一个唯一的数字标识该 ACL。命名型 ACL 是通过名称代替编号来标识 ACL。

四、ACL 访问控制列表的匹配机制

配置 ACL 的设备接收报文后，会将该报文与 ACL 中的规则逐条进行匹配，如果不能匹配上，就会继续尝试去匹配下一条规则。一旦匹配上，则设备会对该报文执行这条规则中定义的处理动作，并且不再继续与后续规则匹配。

ACL 的匹配流程如图 14-3 所示。首先系统会查找设备上是否配置了 ACL。如果 ACL 不存在，则返回 ACL 匹配结果为不匹配。如果 ACL 存在，则查找设备是否配置了 ACL 规则。如果规则不存在，则返回 ACL 匹配结果为不匹配。如果规则存在，则系统会从 ACL 中编号最小的规则开始查找。如果匹配上了 permit 规则，则停止查找规则，并返回 ACL 匹配结果为匹配。如果匹配上了 deny 规则，则停止查找规则，并返回 ACL 匹配结果为匹配。如果未匹配上规则，则继续查找下一条规则，以此循环。如果一直查到最后一条规则，报文仍未匹配上，则返回 ACL 匹配结果为不匹配。

项目 14　访问控制列表 ACL 部署

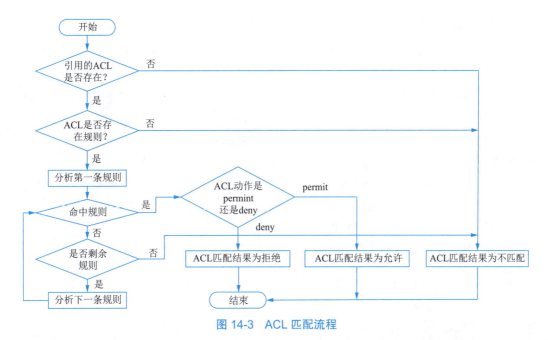

图 14-3　ACL 匹配流程

从 ACL 匹配流程可以看出，报文与 ACL 规则匹配后，会产生两种匹配结果：匹配和不匹配。匹配是指存在 ACL，且在 ACL 中查找到了符合匹配条件的规则，不论匹配的动作是 permit 还是 deny，都称为匹配，而不是匹配上 permit 规则才算匹配。不匹配是指不存在 ACL，或 ACL 中无规则，再或者在 ACL 中遍历了所有规则都没有找到符合匹配条件的规则。以上三种情况，都叫作不匹配。

五、ACL 访问控制列表的部署

ACL 需要部署到路由器上，部署位置如图 14-4 所示。根据数据报文流向，在路由器数据流入接口需要部署在 inbound 入站方向。在路由器数据流出接口需要部署在 outbound 出站方向。

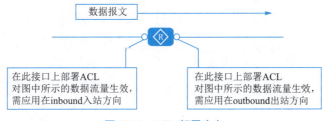

图 14-4　ACL 部署方向

ACL 访问控制列表配置常用命令

1. 创建基本 ACL

```
acl [ number ] acl-number [ match-order config ]
```

使用编号 2 000～2 999 创建一个数字型的基本 ACL。acl-number：指定访问控制列表的编号。match-order：指定 ACL 规则的匹配顺序，config：表示配置顺序。

2. 配置基本 ACL 规则

rule [*rule-id*] { **deny** | **permit** } [**source** { *source-address source-wildcard* | **any** } | **time-range** *time-name*]

在基本 ACL 视图下，通过此命令来配置基本 ACL 规则。rule-id：指定 ACL 的规则 ID。deny：拒绝符合条件的报文。permit：允许符合条件的报文。source：指定使用报文的源地址信息作为匹配项，如果不配置，表示报文的任何源地址都匹配，其中，source-address 指定报文的源地址，source-wildcard 指定源地址通配符，any 表示报文的任意源地址。time-range：指定 ACL 规则生效的时间段。其中，time-name 表示 ACL 规则生效时间段名称。如果不指定时间段，表示任何时间都生效。

3. 在接口上配置基于 ACL 对报文进行过滤

traffic-filter { **inbound** | **outbound** } **acl** { *acl-number* | **name** *acl-name* }

traffic-filter 命令中，inbound 指定在接口入方向上配置报文过滤，outbound 指定在接口出方向上配置报文过滤，acl 指定 ACL 编号。

4. 创建高级 ACL

acl [**number**] *acl-number* [**match-order config**]

使用编号 3 000～3 999 创建一个数字型的高级 ACL，并进入高级 ACL 视图。

5. 配置高级 ACL 规则

根据 IP 承载的协议类型不同，在设备上配置不同的高级 ACL 规则。对于不同的协议类型，有不同的参数组合。

（1）当参数 protocol 为 IP 时，高级 ACL 的命令格式为：

rule [*rule-id*] { **deny** | **permit** } **ip** [**destination** { *destination-address destination-wildcard* | **any** } | **source** { *source-address* | *source-wildcard* | **any** }| **time-range** *time-name* |[**dscp** *dscp* | [**tos** *tos* | **precedence** *precedence*]]]

在高级 ACL 视图下，通过此命令来配置高级 ACL 的规则。ip 指定 ACL 规则匹配报文的协议类型为 IP。destination 指定 ACL 规则匹配报文的目的地址信息。如果不配置，表示报文的任何目的地址都匹配。dscp（differentiated services code point）指定 ACL 规则匹配报文时，区分服务代码点，取值为 0～63。tos 指定 ACL 规则匹配报文时，依据服务类型字段进行过滤，取值为 0～15。precedence 指定 ACL 规则匹配报文时，依据优先级字段进行过滤。precedence 表示优先级字段值，取值为 0～7。

（2）当参数 protocol 为 TCP 时，高级 ACL 的命令格式为：

rule [*rule-id*] { **deny** | **permit** }{ *protocol-number* | **tcp** } [**destination** { *destination-address destination-wildcard* | **any** } | **destination-port** { **eq** *port* | **gt** *port* | **lt** *port* | **range** *port-start port-end* } | **source** { *source-address source-wildcard* | **any** } | **source-port** { **eq** *port* | **gt** *port* | **lt** *port* | **range** *port-start port-end* } | **tcp-flag** { **ack** | **fin** | **syn** } * | **time-range** *time-name*]*

在高级 ACL 视图下，通过此命令来配置高级 ACL 的规则。tcp 指定 ACL 规则匹配报文的协议类型为 TCP，可以采用数值 6 表示指定 TCP 协议。destination-port 指定 ACL 规则匹配报文的 UDP 或者 TCP 报文的目的端口，仅在报文协议是 TCP 或者 UDP 时有效。如果不指定，表示 TCP/UDP 报文的任何目的端口都匹配。其中：eq port 指定等于目的端口；gt port 指定大于目的端口；lt port 指定小于目的端口；range 指定源端口的范围。tcp-flag 指定 ACL 规则匹配报文的 TCP 报文头中 SYN Flag。

项目设计

访问控制列表ACL配置由六部分组成：第一部分是搭建项目环境，配置终端计算机的IP地址和HTTP、DNS等网络服务。第二部分是A公司内部局域网的搭建，包括LSW1划分VLAN和出口路由器AR1实现VLAN间通信。公司内部局域网网段为192.168.1.0/24，按照职能部门划分为两个 VLAN：一个是由公司职员计算机组成的局域网，网段为192.168.1.0/25，VLAN ID 为10；一个是公司的网络资源，包括WWW和DNS服务器，网段为192.168.1.128/25，VLAN ID 为20。VLAN 间的通信由路由器AR1实现。第三部分是配置路由器接口。对200.199.198.0/24网段进行子网划分，子网掩码的长度为30，设计使用第10到第11号子网用于路由器之间用的串口连接。第四部分是配置 OSPF 动态路由协议，设计图 14-1 中的所有路由器都在区域 0 中。第五部分是 ACL 配置。合作伙伴可以访问公司的主机但不能访问网络资源，主要是对源地址的设备实施访问控制，因此，采用基本 ACL 实现网络设备间的访问控制目标，访问控制列表号为 2 000；员工不能访问外网的 WWW 资源，采用高级 ACL 实现对网络特定资源访问控制，访问控制列表号为 3 000。第六部分是项目实施结果验证，ACL 能够实现资源的访问控制。设备的详细设计参数如表 14-1 和表 14-2 所示。

表 14-1　计算机详细设计参数

计 算 机 名	IP 地址	网　关	VLAN ID 与域名
PC1	192.168.1.1/25	192.168.1.126	10
WWW	192.168.1.129/25	192.168.1.254	20，www.acompany.com
DNS	192.168.1.130/25	192.168.1.254	20
PC2	202.102.13.1/24	202.102.13.254	
HTTP	202.102.13.2/24	202.102.13.254	www.baidu.com

表 14-2　路由器接口设计参数

序　号	接　　口	子　网　号	接口IP地址	通　配　符
AR1	GE 0/0/0.10	192.168.1.0/25	192.168.1.126	0.0.0.127
	GE 0/0/0.20	192.168.1.128/25	192.168.1.254	
	Serial 1/0/0	200.199.198.36/30	200.199.198.37	0.0.0.3
AR2	Serial 1/0/0	200.199.198.36/30	200.199.198.38	0.0.0.3
	Serial 1/0/1	200.199.198.40/30	200.199.198.41	
AR3	Serial 1/0/0	200.199.198.40/30	200.199.198.42	0.0.0.3
	GE 0/0/0	202.102.13.0/24	202.102.13.254	

项目实施与验证

ACL 配置思路流程图如图 14-5 所示。

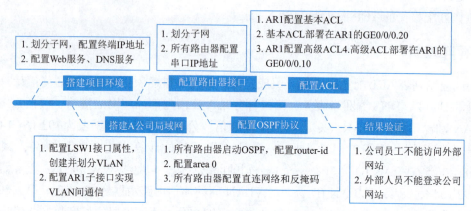

图 14-5 ACL 配置思路流程图

一、搭建项目环境

配置计算机 IP 地址及网络服务：

如图 14-6 所示配置 PC1 的 IP 地址、子网掩码、网关和域名服务器 IP 地址，配置完成后单击"应用"按钮保存设置。按照同样的方法，分别配置好图 14-1 网络中的其他计算机的 IP 地址。

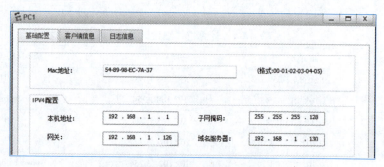

图 14-6 配置 PC1 的 IP 地址

在公司内部网络选择 WWW，双击进入基础配置界面，出现图 14-7 所示窗口。根据表 14-1 的 IP 地址规划，设置 WWW 的 IP 地址、子网掩码、网关和 DNS 服务器 IP 地址。

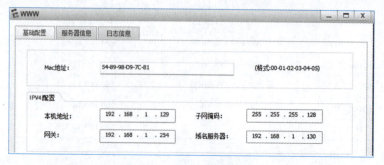

图 14-7 WWW 基础配置

在 WWW 配置界面，选择服务器信息，选择 HttpServer，在物理主机上配置一个文件夹存放 html 文件，单击"确定"按钮，再单击"启动"按钮，具体如图14-8所示。

图 14-8　WWW 服务器配置

在公司外部网络选择 HTTP，双击进入基础配置界面，出现图14-9所示的对话框。根据 IP 地址规划，设置 HTTP 的本机地址、子网掩码、网关和域名服务器的 IP 地址。

图 14-9　HTTP 基础配置

在 HTTP 配置界面，选择服务器信息，选择 HttpServer，在物理主机上配置一个文件夹存放 html 文件，单击"确定"按钮，再单击"启动"按钮，具体如图14-10所示。

图 14-10　HTTP 服务器配置

在公司内部网络选择 DNS，双击进入基础配置界面。根据 IP 地址规划，设置 DNS 的本机地址、子网掩码、网关，具体配置如图14-11所示。

图 14-11　DNS 基础配置

在 DNS 配置界面，选择服务器信息，选择 DNSServer，在地址栏输入外部网络 HTTP 的 IP 地址和公司的域名 www.baidu.com 以及公司内部网络 WWW 的 IP 地址和公司域名 www.acompany.com，单击"启动"按钮。具体配置如图 14-12 所示。

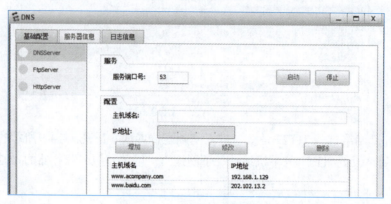

图 14-12　DNS 服务器配置

二、搭建 A 公司局域网

1. 配置 VLAN

搭建公司内部局域网，在交换机 LSW1 批量创建 VLAN，配置接口属性并划分 VLAN，配置命令如下：

```
<Huawei>sys
[Huawei]undo info-center enable
[Huawei]vlan batch 10 20
[Huawei]int Ethernet 0/0/1
[Huawei-Ethernet0/0/1]port link-type access
[Huawei-Ethernet0/0/1]port default vlan 10
[Huawei-Ethernet0/0/1]quit
[Huawei]int Ethernet 0/0/2
[Huawei-Ethernet0/0/2]port link-type access
[Huawei-Ethernet0/0/2]port default vlan 20
[Huawei-Ethernet0/0/2]quit
[Huawei]int Ethernet 0/0/3
[Huawei-Ethernet0/0/3]port link-type access
[Huawei-Ethernet0/0/3]port default vlan 20
[Huawei-Ethernet0/0/3]quit
[Huawei]int GigabitEthernet 0/0/1
[Huawei-GigabitEthernet0/0/1]port link-type trunk
[Huawei-GigabitEthernet0/0/1]port trunk allow-pass vlan all
[Huawei-GigabitEthernet0/0/1]quit
```

查看 VLAN 信息可知，交换机 LSW1 已经基于接口划分好 VLAN。

```
<Huawei>display vlan
The total number of vlans is : 3
```

```
------------------------------------------------------------
U: Up;          D: Down;           TG: Tagged;         UT: Untagged;
MP: Vlan-mapping;                  ST: Vlan-stacking;
#: ProtocolTransparent-vlan;       *: Management-vlan;
------------------------------------------------------------
VID  Type    Ports
------------------------------------------------------------
1    common  UT:Eth0/0/4(D)    Eth0/0/5(D)     Eth0/0/6(D)     Eth0/0/7(D)
             Eth0/0/8(D)       Eth0/0/9(D)     Eth0/0/10(D)    Eth0/0/11(D)
             Eth0/0/12(D)      Eth0/0/13(D)    Eth0/0/14(D)    Eth0/0/15(D)
             Eth0/0/16(D)      Eth0/0/17(D)    Eth0/0/18(D)    Eth0/0/19(D)
             Eth0/0/20(D)      Eth0/0/21(D)    Eth0/0/22(D)    GE0/0/1(U)
             GE0/0/2(D)
10   common  UT:Eth0/0/1(U)    TG:GE0/0/1(U)
20   common  UT:Eth0/0/2(U)    Eth0/0/3(U)     TG:GE0/0/1(U)
```

2. 配置 VLAN 间通信

公司内部局域网使用出口路由器 AR1 子接口实现 VLAN 间通信。AR1 的配置命令如下：

```
<Huawei>sys
[Huawei]undo info-center enable
[Huawei]int GigabitEthernet 0/0/0.10
[Huawei-GigabitEthernet0/0/0.10]dot1q termination vid 10
[Huawei-GigabitEthernet0/0/0.10]ip add 192.168.1.126 25
[Huawei-GigabitEthernet0/0/0.10]arp broadcast enable
[Huawei-GigabitEthernet0/0/0.10]quit
[Huawei]int GigabitEthernet 0/0/0.20
[Huawei-GigabitEthernet0/0/0.20]dot1q termination vid 20
[Huawei-GigabitEthernet0/0/0.20]ip add 192.168.1.254 25
[Huawei-GigabitEthernet0/0/0.20]arp broadcast enable
[Huawei-GigabitEthernet0/0/0.20]quit
```

三、配置路由器接口

根据表 14-2 规划，配置 AR1、AR2 和 AR3 接口 IP 地址。

路由器 AR1 接口 IP 地址配置命令如下：

```
<Huawei>sys
[Huawei]undo info-center enable
[Huawei]int Serial 1/0/0
[Huawei-Serial1/0/0]ip add 200.199.198.37 30
[Huawei-Serial1/0/0]quit
```

配置 AR2 接口 IP 地址，配置命令如下：

```
<Huawei>sys
```

```
[Huawei]undo info-center enable
[Huawei]int Serial 1/0/0
[Huawei-Serial1/0/0]ip add 200.199.198.38 30
[Huawei-Serial1/0/0]quit
[Huawei]int Serial 1/0/1
[Huawei-Serial1/0/1]ip add 200.199.198.41 30
```

配置 AR3 接口 IP 地址，配置命令如下：

```
<Huawei>sys
[Huawei]undo info-center enable
[Huawei]int Serial 1/0/0
[Huawei-Serial1/0/0]ip add 200.199.198.42 30
[Huawei-Serial1/0/0]quit
[Huawei]int GigabitEthernet 0/0/0
[Huawei-GigabitEthernet0/0/0]ip add 202.102.13.254 24
```

四、配置 OSPF 协议

为了实现不同网络终端设备通信，在所有路由器 AR1、AR2 和 AR3 上运行 OSPF 动态路由协议。

AR1 配置 OSPF 协议，配置命令如下：

```
[Huawei]int LoopBack 0
[Huawei-LoopBack0]ip add 1.1.1.1 32
[Huawei-LoopBack0]quit
[Huawei]ospf 1 router-id 1.1.1.1
[Huawei-ospf-1]area 0
[Huawei-ospf-1-area-0.0.0.0]network 192.168.1.0 0.0.0.127
[Huawei-ospf-1-area-0.0.0.0]network 192.168.1.128 0.0.0.127
[Huawei-ospf-1-area-0.0.0.0]network 200.199.198.36 0.0.0.3
```

AR2 配置 OSPF 协议，配置命令如下：

```
[Huawei]int LoopBack 0
[Huawei-LoopBack0]ip address 2.2.2.2 32
[Huawei-LoopBack0]quit
[Huawei]ospf 1 router-id 2.2.2.2
[Huawei-ospf-1]area 0
[Huawei-ospf-1-area-0.0.0.0]network 200.199.198.36 0.0.0.3
[Huawei-ospf-1-area-0.0.0.0]network 200.199.198.40 0.0.0.3
```

AR3 配置 OSPF 协议，配置命令如下：

```
[Huawei]int LoopBack 0
[Huawei-LoopBack0]ip add 3.3.3.3 32
[Huawei]ospf 1 router-id 3.3.3.3
[Huawei-ospf-1-area-0.0.0.0]network 200.199.198.40 0.0.0.3
```

```
[Huawei-ospf-1-area-0.0.0.0]network 202.102.13.0 0.0.0.255
```

完成上述配置后，进行简单的网络连通性测试。测试结果表明外部网络中的 PC2 可以与公司内部终端正常通信，且 PC1 能通过域名访问外部网站，如图 14-13 所示。

```
PC>ping 192.168.1.1
Ping 192.168.1.1: 32 data bytes, Press Ctrl_C to break
Request timeout!
From 192.168.1.1: bytes=32 seq=2 ttl=252 time=47 ms
……
PC>ping 192.168.1.129
Ping 192.168.1.129: 32 data bytes, Press Ctrl_C to break
From 192.168.1.129: bytes=32 seq=1 ttl=252 time=62 ms
……
PC>ping 192.168.1.130
Ping 192.168.1.130: 32 data bytes, Press Ctrl_C to break
From 192.168.1.130: bytes=32 seq=2 ttl=252 time=47 ms
……
```

图 14-13　PC1 域名访问外部网站

五、配置 ACL

1. 配置基本 ACL

AR1 上配置基本 ACL，实现外部网络不能访问公司 VLAN20 所在的公司内网网络资源，配置命令如下：

```
[Huawei] acl 2000
[Huawei-acl-basic-2000]rule deny source 202.102.13.0 0.0.0.255
[Huawei-acl-basic-2000]rule permit source any
[Huawei-acl-basic-2000]quit
[Huawei]int GigabitEthernet 0/0/0.20
[Huawei-GigabitEthernet0/0/0.20]traffic-filter outbound acl 2000
```

2. 配置高级 ACL

AR1 上配置高级 ACL，实现公司员工 VLAN10 禁止访问外部网站，配置命令如下：

```
[Huawei]acl 3000
```

```
[Huawei-acl-adv-3000]rule deny tcp source 192.168.1.0 0.0.0.127
destination 202.102.13.0 0.0.0.255 destination-port eq 80
    [Huawei-acl-adv-3000]quit
    [Huawei]int GigabitEthernet 0/0/0.10
    [Huawei-GigabitEthernet0/0/0.10]traffic-filter inbound acl 3000
```

六、结果验证

完成基本 ACL 配置和高级 ACL 配置后，进行项目结果验证。结果表明外部网络中的 PC2 可以与公司员工 VLAN10 内计算机正常通信，但不能访问 VLAN20 内的公司网络资源通信；PC1 不能通过域名访问外部网站，如图 14-14 所示。验证结果表明 ACL 配置能够实现预期网络访问限制。

```
    PC>ping 192.168.1.1
    Ping 192.168.1.1: 32 data bytes, Press Ctrl_C to break
    From 192.168.1.1: bytes=32 seq=1 ttl=252 time=63 ms
    From 192.168.1.1: bytes=32 seq=2 ttl=252 time=62 ms
    ......
    PC>ping 192.168.1.129
    Ping 192.168.1.129: 32 data bytes, Press Ctrl_C to break
    Request timeout!
    ......
    --- 192.168.1.129 ping statistics ---
      5 packet(s) transmitted
      0 packet(s) received
      100.00% packet loss
```

图 14-14　PC1 域名访问外部网站

拓展学习

作为未来的网络安全从业者，我们深知网络安全对国家安全的重要性。ACL 作为保障网络安全的关键手段，对于保护国家安全具有不可替代的作用。我们应当时刻保持警惕，确保网络空间的稳定与安全，为国家的繁荣发展贡献力量。

在网络安全领域，我们必须严格遵守职业道德和行为规范。我们应始终尊重他人的隐私权，坚决不从事任何非法活动。这不仅是职业操守的体现，更是我们为社会做出的庄严承诺。

作为网络世界的一员，我们肩负着维护网络空间良好秩序的责任。我们应确保网络数据的合法传输，防止恶意信息的传播。我们要时刻提醒自己，要尊重他人的权益，为营造和谐的网络环境贡献一份力量。

在我们的网络世界中，每一个数据包、每一个请求都需要经过 ACL 的严格检查。这就像我们生活中的法律法规，保护着每一个人的权益。作为未来的网络安全从业者，我们不仅需要掌握扎实的技能，更要有高尚的职业道德、强烈的社会责任感以及对法律法规的尊重和遵守。让我们共同努力，为维护网络空间的安全、稳定、和谐做出贡献。

ACL 的配置与管理需要团队成员之间的密切协作与沟通。在这个过程中，我们应学会发挥个人优势、尊重团队成员的意见和贡献。只有团结一心，我们才能共同应对网络安全的挑战，为国家网络安全事业的发展做出贡献。

习 题

1．路由器防火墙功能的实现方式有哪些？

2．仔细分析两个访问列表实例实现的工作原理。

3．针对扩展访问控制列表学习情景，如果只允许 192.168.1.128/25 用域名访问 WWW，该如何配置 ACL？

项目 15

静态与动态网络地址转换 NAT 部署

【知识目标】
（1）理解并掌握路由器静态网络地址转换的原理及命令。
（2）理解并掌握路由器动态网络地址转换的原理及命令。

【技能目标】
（1）具备在出口路由部署静态网络地址转换的能力。
（2）具备在出口路由部署动态网络地址转换的能力。

【素养目标】
通过校园网攻击案例培养学生的网络安全意识。

项目描述

视频
网络地址转换NAT部署

如图 15-1 所示，A 公司是一家中小型企业，企业出口路由器 AR1 通过串口连接到电信运营商 ISP，ISP 给 AR1 接口分配的地址是 1.1.1.1/24，给企业分配用于地址翻译的地址段是 1.1.1.0/24。A 公司内部有 WWW、BBS 两台服务器，两台服务器有固定且合法 IP 地址时才能对外提供服务。

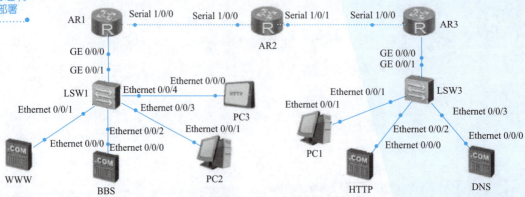

图 15-1　网络拓扑结构图

知识链接

随着互联网用户的增多，IPv4 的公有地址资源显得越发短缺。同时 IPv4 公有地址资源存在地址分配不均的问题，这导致部分地区的 IPv4 可用公有地址严重不足。为了解决上述问题，提出了私有地址的概念。私有地址是指内部网络主机地址，这些地址只能用于某个内部网络，不能用于公共网络。后来在实际需求的驱动下，许多私有网络也希望能够连接到公共网络上，从而实现私网与公共网络之间的通信，以及通过公共网络实现私网与私网之间的通信。私网与公共网络的互联以及私网与私网通过公共网络互通，必须使用网络地址转换（network address translation，NAT）技术，实现私网 IP 地址与公网 IP 地址的转换。

一、NAT 技术原理

NAT 是对 IP 数据报文中的 IP 地址进行转换，一般部署在网络出口设备，例如路由器或防火墙上。在图 15-2 中所示，私有网络访问 Internet，必须在网络出口路由设备 R 配置 NAT，将访问 Internet 的 IP 数据报文中的私有网络源地址转换成公有网络源地址，即私有 IP 地址 192.168.1.10 在设备 R 上转换为公有 IP 地址 122.1.2.1；Internet 访问私有网络，设备 R 将访问私有网络的 IP 数据报文中的公有网络目的地址 122.1.2.1 转换成私有网络目的地址 192.168.1.10。这种地址转换方式主要有三种，分别是静态 NAT，动态 NAT 和网络地址端口转换（network address and port translation，NAPT）。

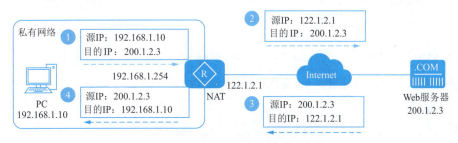

图 15-2　NAT 技术原理

二、静态 NAT 原理

静态 NAT 将内部私有地址与公有地址进行一对一映射，如图 15-3 所示。在图中计算机私有地址与公有地址建立一对一的映射。私有地址为 192.168.1.1 的计算机访问 Internet 经过出口设备 NAT 转换时，会被转换成对应的 122.1.2.1 公有地址。同时，当外部网络设备访问私有地址为 192.168.1.1 的计算机时，公有地址 122.1.2.1 会被 NAT 设备转换成对应的私有地址 192.168.1.1。

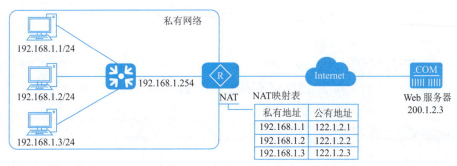

图 15-3　静态 NAT

三、动态 NAT 原理

静态 NAT 严格地一对一进行地址映射，这就导致即便内网主机长时间离线或者不发送数据时，与之对应的公有地址也处于使用状态。为了避免地址浪费，动态 NAT 提出了地址池的概念，将所有可用的公有地址组成地址池。当内部主机访问外部网络时临时分配一个地址池中未使用的地址，并将该地址标记为 In Use。当该主机不再访问外部网络时回收分配的地址，重新标记为 Not Use，具体如图 15-4 所示。

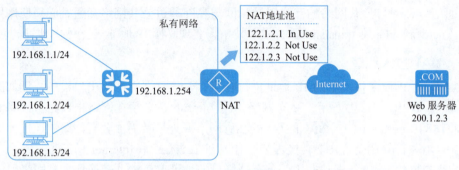

图 15-4 动态 NAT

NAT 配置常用命令

1. 接口视图下配置静态 NAT

nat static global { *global-address* } **inside** { *host-address* }

global 用于配置公有地址，inside 用于配置私有地址。

2. 系统视图下配置静态 NAT

nat static global { *global-address* } **inside** { *host-address* }

配置完成后在接口下使能 nat static 功能。

nat static enable

3. 创建地址池

nat address-group *group-index start-address end-address*

group-index 为地址池编号，start-address、end-address 分别为地址池起始地址和终止地址。

4. 配置地址转换的 ACL 规则

acl *number*
rule permit source *source-address source-wildcard*

配置基础 ACL，匹配需要进行动态转换的源地址范围。

5. 接口视图下配置动态 NAT

nat outbound *acl-number* **address-group** *group-index* **no-pat**

接口下关联 ACL 与地址池进行动态地址转换，no-pat 参数指定不进行端口转换。

项目设计

网络地址转换配置由五部分组成：第一部分是搭建项目环境，配置终端的 IP 地址和网络服务。公司局域网为 192.168.1.0/24，外部局域网为 202.102.13.0/24。配置路由器接口 IP 地址，路由器之间用串口连接的网络使用 1.1.1.0/24 和 2.2.2.0/30。配置静态路由协议，实现网络互通。第二部分是配置静态网络地址转换，从 ISP 分配给公司用于 NAT 的地址段中拿出两个地址 1.1.1.3/24 和 1.1.1.4/24，分别用于 WWW 和 BBS 两台服务器对外服务的地址。第三部分是配置动态网络地址转换，A 公司内部其他计算机终端配置为动态网络地址转换，设计地址池的编号为 1，映射公有 IP 地址池范围为 1.1.1.5～1.1.1.20。第四部分是修改静态路由。第五部分是项目实施结果验证，公司内部网络终端能够通过公网地址与外部网络进行通信。表 15-1 和表 15-2 分别给出了每台计算机和路由器的详细设计参数。

表 15-1 计算机详细设计参数

计算机名	IP 地址	网 关	公有 IP 地址	域 名
PC1	202.102.13.1/24	202.102.13.254		
HTTP	202.102.13.2/24	202.102.13.254		www.public.com
DNS	202.102.13.3/24	202.102.13.254		
WWW	192.168.1.1/24	192.168.1.254	1.1.1.3	www.private.com
BBS	192.168.1.2/24	192.168.1.254	1.1.1.4	www.bbs.com
PC2	192.168.1.3/24	192.168.1.254	1.1.1.5～1.1.1.20	
PC3	192.168.1.4/24	192.168.1.254		

表 15-2 路由器设计参数

序 号	接 口	子 网 号	接口 IP 地址
AR1	GE 0/0/0	192.168.1.0/24	192.168.1.254
	Serial 1/0/0	1.1.1.0/24	1.1.1.1
AR2	Serial 1/0/0	1.1.1.0/24	1.1.1.2
	Serial 1/0/1	2.2.2.0/30	2.2.2.1
AR3	Serial 1/0/0	2.2.2.0/30	2.2.2.2
	GE 0/0/0	202.102.13.0/24	202.102.13.254

项目实施与验证

静态 NAT 与动态 NAT 配置思路流程图如图 15-5 所示。

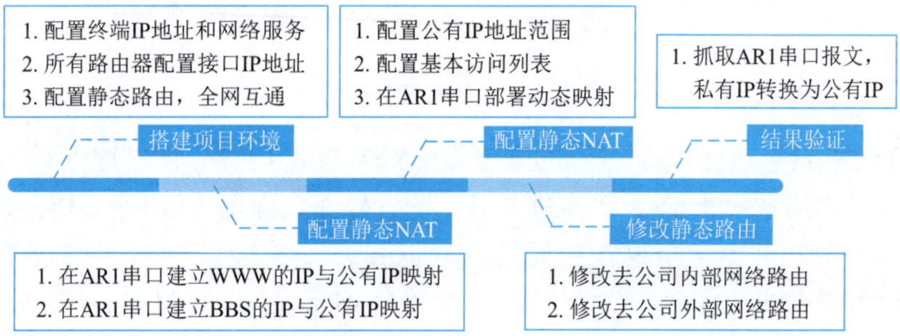

图 15-5 静态 NAT 与动态 NAT 配置思路流程图

一、搭建项目环境

1. 配置终端计算机 IP 地址与网络服务

如图 15-6 所示配置计算机 PC1 的 IP 地址、子网掩码、网关和 DNS 服务器 IP 地址，单击"应用"按钮。结合表 15-1，给其他终端配置相关网络信息。

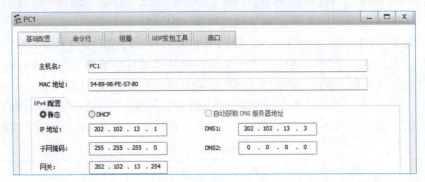

图 15-6　计算机终端配置

如图 15-7 所示，根据 IP 地址规划，设置 WWW 的本机地址、子网掩码和网关。

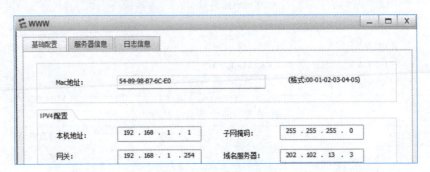

图 15-7　WWW 基础配置

在 WWW 配置界面，选择服务器信息，选择 HttpServer，在物理主机上配置一个文件夹存放 html 文件，单击"确定"按钮，再单击"启动"，具体如图 15-8 所示。

图 15-8　WWW 服务器配置

配置 BBS 服务器、HTTP 服务器的方法与配置 WWW 内容一样，这里不再赘述。

在公司外部网络选择 DNS，双击进入基础配置界面。根据 IP 地址规划，设置 DNS 的 IP 地址、子网掩码和网关。DNS 配置如图 15-9 所示。

如图 15-10 所示配置 DNS 服务器信息，选择 DNSServer，按照表 15-1，在地址栏分别输入 HTTP、WWW、BBS 的 IP 地址和域名，单击"启动"按钮。

图 15-9　DNS IP 地址配置

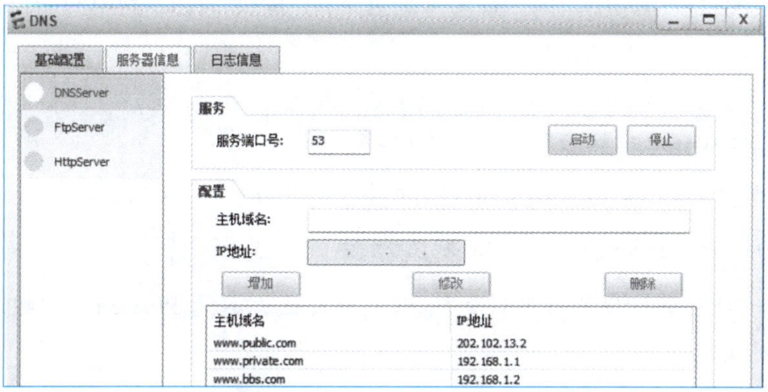

图 15-10　DNS 服务器配置

2. 配置路由器接口

按照表15-2配置 AR1 接口 IP 地址，配置命令如下：

```
<AR1>sys
[AR1]undo info-center enable
[AR1]int GigabitEthernet 0/0/0
[AR1-GigabitEthernet0/0/0]ip add 192.168.1.254 24
[AR1-GigabitEthernet0/0/0]quit
[AR1]int Serial 1/0/0
[AR1-Serial1/0/0]ip add 1.1.1.1 24
```

配置 AR2 接口 IP 地址，配置命令如下：

```
<AR2>sys
[AR2]undo info-center enable
[AR2]int Serial 1/0/0
[AR2-Serial1/0/0]ip add 1.1.1.2 24
[AR2-Serial1/0/0]q
[AR2]int Serial 1/0/1
[AR2-Serial1/0/1]ip add 2.2.2.1 30
```

配置 AR3 接口 IP 地址，配置命令如下：

```
<AR3>sys
[AR3]undo info-center enable
```

```
[AR3]int Serial 1/0/0
[AR3-Serial1/0/0]ip add 2.2.2.2 30
[AR3-Serial1/0/0]q
[AR3]int GigabitEthernet 0/0/0
[AR3-GigabitEthernet0/0/0]ip add 202.102.13.254 24
```

3. 配置静态路由

在 AR1 上配置默认路由。

```
[AR1]ip route-static 0.0.0.0 0 1.1.1.2
```

在 AR2 上配置静态路由。因为此时未配置 NAT 转换，AR2 到内网的目标网络为 192.168.1.0/24。

```
[AR2]ip route-static 192.168.1.0 24 1.1.1.1
[AR2]ip route-static 202.102.13.0 24 2.2.2.2
```

在 AR3 上配置静态路由。AR3 到内网的目标网络为 192.168.1.0/24。

```
[AR3]ip route-static 192.168.1.0 24 2.2.2.1
```

上述配置完成后验证网络连通性，从 PC1 计算机检测到 PC3 的连通性，检测结果表明内外网能够互通。

```
PC>ping 192.168.1.3
Ping 192.168.1.3: 32 data bytes, Press Ctrl_C to break
From 192.168.1.3: bytes=32 seq=3 ttl=125 time=62 ms
......
```

二、配置静态 NAT

在 AR1 上配置静态 NAT。

```
[AR1]int Serial 1/0/0
[AR1-Serial1/0/0]nat static global 1.1.1.3 inside 192.168.1.1
[AR1-Serial1/0/0]nat static global 1.1.1.4 inside 192.168.1.2
```

三、配置动态 NAT

在 AR1 上配置动态 NAT，公有地址池的范围为 1.1.1.5～1.1.1.20。

```
[AR1]nat address-group 1 1.1.1.5 1.1.1.20
[AR1]acl 2000
[AR1-acl-basic-2000]rule permit source 192.168.1.0 0.0.0.255
[AR1-acl-basic-2000]quit
[AR1]int Serial 1/0/0
[AR1-Serial1/0/0]nat outbound 2000 address-group 1 no-pat
```

四、修改静态路由

完成网络地址转换后，公司网络对外部网络而言已经变为 1.1.1.0/24，不再是 192.168.1.0/24，此时需要在 AR2 和 AR3 修改静态路由，AR2、AR3 修改命令分别如下：

```
[AR2]undo ip route-static 192.168.1.0 24 1.1.1.1
[AR2]ip route-static 1.1.1.0 24 1.1.1.1
[AR3]undo ip route-static 192.168.1.0 24 2.2.2.1
[AR3]ip route-static 1.1.1.0 24 2.2.2.1
```

五、结果验证

在 eNSP 菜单栏找到数据抓包，在弹出的界面选中 AR1 的接口 Serial 1/0/0，单击"开始抓包"按钮。此时 eNSP 启动 Wireshark 抓包工具捕获数据报文。

图 15-11 抓取从 BBS 到 PC1 的 ping 报文，从图可知从 BBS 发出的报文的源 IP 地址 192.168.1.2 已经转换为 1.1.1.4，实现静态 NAT 转换。

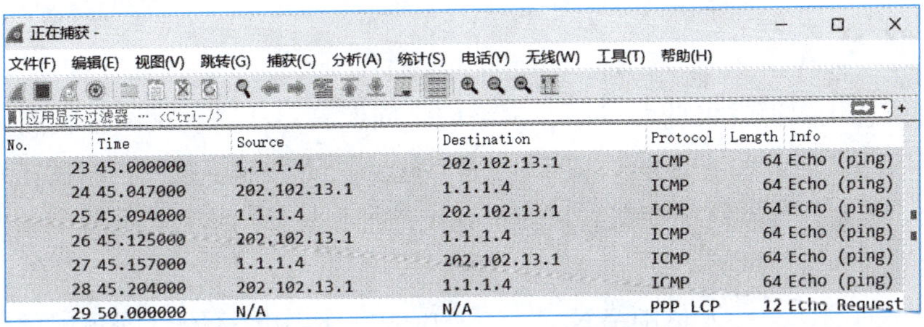

图 15-11 静态 NAT 结果验证

图 15-12 显示从 PC3 到 PC1 的 ping 报文，从图可知 PC3 发出的报文的源 IP 地址 192.168.1.4 已经转换为 1.1.1.5，实现动态 NAT 转换。

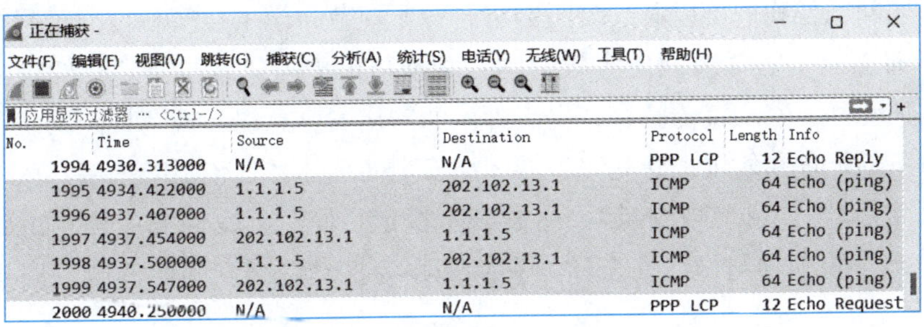

图 15-12 动态 NAT 结果验证

图 15-13 显示从 PC3 登录网站的情况，从结果可知能正常登录内外网的 Web 服务器。

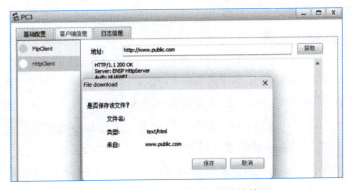

图 15-13 PC3 域名登录网站的情况

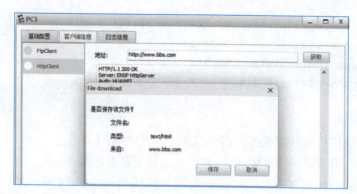

图 15-13　PC3 域名登录网站的情况（续）

拓展学习

在当前信息化快速发展的背景下，网络安全问题日益凸显。某高校校园网络中心发现，校园网内部出现了大量的非法访问和外部攻击，严重影响了校园网络的正常运行。经过初步调查，发现校园网络中存在大量的私有 IP 地址与外部网络直接通信的情况，这是导致网络安全问题的重要原因之一。

针对上述问题，与会人员围绕 NAT 技术的应用和校园网络安全问题进行了深入的讨论。大家一致认为，通过部署 NAT 技术，可以有效地将内部私有 IP 地址转换为公共 IP 地址，从而实现对内外网络的隔离，提高网络的安全性，最终解决了校园网内部的非法访问和外部攻击问题。

通过上述问题，我们可以看到校园网络管理不规范，学生存在私自配置网络设备、使用非法 IP 地址等行为；学校缺乏有效的网络安全防范措施，容易受到外部攻击和非法访问。因此，加强网络安全宣传教育，提高师生的网络安全意识，规范校园网络管理，严格控制网络设备的配置和使用，建立完善的网络安全防范体系，包括防火墙、入侵检测等安全设备和技术手段，共同维护校园网络的安全稳定。同时，我们也应该意识到自己的社会责任和担当，积极参与网络安全建设和管理，为推动网络空间的健康发展贡献自己的力量。

习　题

1. 下列具有 NAT 功能的无线设备是（　　）。
   A．集线器　　　　　B．路由器　　　　　C．网卡　　　　　D．二层交换机
2. 关于 NAT 技术，以下说法中正确的是？（　　）(多选）
   A．使用 NAT 技术时的基本场景是：公网内部进行通信
   B．使用 NAT 技术时的基本场景是：私网内部进行通信
   C．使用 NAT 技术时的基本场景是：私网与公网进行通信
   D．NAT 技术可以在一定程度上节约公有 IP 地址资源
   E．IP 地址空间中，私有 IP 地址的数量远小于公有 IP 地址的数量。NAT 技术的使用，可以在很大程度上节约私有 IP 地址资源

项目 16
网络地址端口转换 NAPT 部署

【知识目标】
理解并掌握路由器端口映射的工作原理及命令。

【技能目标】
具备在出口路由部署端口网络地址转换的能力。

【素养目标】
（1）通过 IPv4 地址分配现状，培养网络资源的公平分配和合理利用意识。
（2）通过国家 IPv6 雪人计划，了解国家的"网络空间命运共同体"理念，培养民族自豪感和爱国之情。

项目描述

如图 16-1 所示，A 公司是一家中小型企业，企业出口路由器 AR1 通过串连接到电信运营商 ISP 提供的外部网络。ISP 给 AR1 接口分配的 IP 地址是 1.1.1.1/24。外部网络有 HTTP 和 DNS 两台服务器。因为考虑到企业的规模不是非常大，所以企业网络管理员决定采用端口映射的地址转换方式实现企业员工访问互联网。

视频
网络地址端口转换

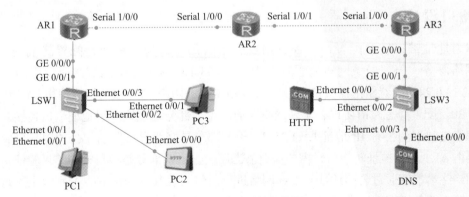

图 16-1　公司网络拓扑图

知识链接

在项目15的学习中，了解到动态 NAT 选择地址池中的地址进行地址转换时，私有 IP 地址与公有 IP 地址仍然是一对一的映射关系，无法提高公有地址利用率。网络地址端口转换（network address and port translation，NAPT）技术进行地址转换时，不仅进行 IP 地址转换，同时也会对端口号进行转换，即将不同源端口的私有地址映射到同一个不同的源端口的公有地址，从而实现公有地址与私有地址的一对多的映射。在图16-2中，私有 IP 地址 192.168.1.1 和 192.168.1.2 都映射到同一公有 IP 地址 122.1.2.2，并且通过不同的端口号把不同的私有 IP 地址映射到同一个公有 IP 地址不同端口号下，从而实现不同终端数据的正确传送。

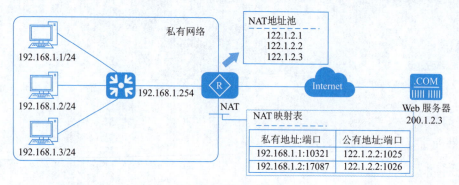

图 16-2　NAPT 原理

NAT 配置常用命令

1. 配置地址转换的 ACL 规则

`acl` *number*
`rule permit source` *source-address source-wildcard*

配置基础 ACL，匹配需要进行动态转换的源地址范围。

2. 接口视图下配置 NAPT

`nat outbound` *acl-number* `address-group` *group-index*

接口下关联 ACL 与地址池进行动态地址转换。

项目设计

网络地址端口转换配置由四部分组成：第一部分是项目搭建，配置终端的 IP 地址和网络服务，公司局域网所使用网段为 192.168.1.0/24，外部局域网所使用的网段为 202.102.13.0/24。配置路由器接口 IP 地址，路由器之间用串口连接的网络使用 1.1.1.0/24 和 2.2.2.0/30。配置静态路由协议，实现网络互通。第二部分是配置网络地址端口转换，将公司内部终端映射到公有 IP 地址 1.1.1.3/24。第三部分是修改静态路由，公司内部局域网在出口路由 AR1 进行地址转换后，需要修改静态路由。第四部分是项目实施结果验证，公司内部网络终端能够通过公网地址与外部网络进行通信。表 16-1 和表 16-2 分别给出了每台计算机和路由器的详细设计参数。

项目 16　网络地址端口转换 NAPT 部署

表 16-1　计算机详细设计参数

计算机名	IP 地址	网关	公有 IP 地址	域名
HTTP	202.102.13.1/24	202.102.13.254	—	www.sina.com
DNS	202.102.13.2/24	202.102.13.254	—	—
PC1	192.168.1.1/24	192.168.1.254	1.1.1.3/24	—
PC2	192.168.1.2/24	192.168.1.254		—
PC3	192.168.1.3/24	192.168.1.254		—

表 16-2　路由器设计参数

序号	接口	子网号	接口 IP 地址
AR1	GE 0/0/0	192.168.1.0/24	192.168.1.254
	Serial 1/0/0	1.1.1.0/24	1.1.1.1
AR2	Serial 1/0/0	1.1.1.0/24	1.1.1.2
	Serial 1/0/1	2.2.2.0/30	2.2.2.1
AR3	Serial 1/0/0	2.2.2.0/30	2.2.2.2
	GE 0/0/0	202.102.13.0/24	202.102.13.254

项目实施与验证

网络地址端口转换 NAPT 配置思路流程图如图 16-3 所示。

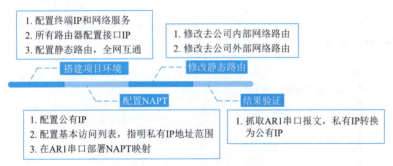

图 16-3　NAPT 配置思路流程图

一、搭建项目环境

1. 配置终端计算机 IP 地址与网络服务

如图 16-4 所示配置 PC1 的 IP 地址、子网掩码、网关和 DNS 服务器 IP 地址，单击"应用"按钮。结合表 16-1，给图 16-1 中其他终端配置相关网络信息。

图 16-4　计算机终端配置

如图 16-5 所示，根据 IP 地址规划，在 HTTP 基础配置界面设置 HTTP 的本机地址、子网掩码、DNS 服务器 IP 地址和网关。

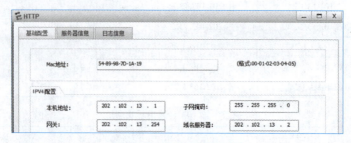

图 16-5　HTTP 基础配置

在 HTTP 配置界面，选择服务器信息，选择 HttpServer，在物理主机上配置一个文件夹存放 html 文件，单击"确定"按钮，再单击"启动"按钮，具体如图 16-6 所示。

图 16-6　HTTP 服务器配置

在公司外部网络选择 DNS，双击进入基础配置界面。根据 IP 地址规划，设置 DNS 的本机地址、子网掩码和网关。DNS 配置如图 16-7 所示。

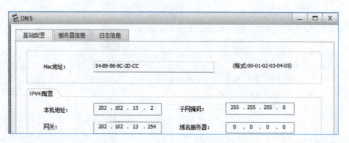

图 16-7　DNS IP 地址配置

如图 16-8 所示配置 DNS 服务器信息，选择 DNSServer，按照表 16-1，在地址栏输入 HTTP 的 IP 地址和域名，单击"启动"按钮。

图 16-8　DNS 服务器配置

2. 配置路由器接口

按照表16-2配置 AR1 接口 IP 地址，配置命令如下：

```
<AR1>sys
[AR1]undo info-center enable
[AR1]int GigabitEthernet 0/0/0
[AR1-GigabitEthernet0/0/0]ip add 192.168.1.254 24
[AR1-GigabitEthernet0/0/0]quit
[AR1]int Serial 1/0/0
[AR1-Serial1/0/0]ip add 1.1.1.1 24
```

配置 AR2 接口 IP 地址，配置命令如下：

```
<AR2>sys
[AR2]undo info-center enable
[AR2]int Serial 1/0/0
[AR2-Serial1/0/0]ip add 1.1.1.2 24
[AR2-Serial1/0/0]q
[AR2]int Serial 1/0/1
[AR2-Serial1/0/1]ip add 2.2.2.1 30
```

配置 AR3 接口 IP 地址，配置命令如下：

```
<AR3>sys
[AR3]undo info-center enable
[AR3]int Serial 1/0/0
[AR3-Serial1/0/0]ip add 2.2.2.2 30
[AR3-Serial1/0/0]q
[AR3]int GigabitEthernet 0/0/0
[AR3-GigabitEthernet0/0/0]ip add 202.102.13.254 24
```

3. 配置静态路由

在 AR1 上配置默认路由。

```
[AR1]ip route-static 0.0.0.0 0 1.1.1.2
```

在 AR2 上配置静态路由。因为此时未配置 NAT 转换，AR2 到内网的目标网络为 192.168.1.0/24。

```
[AR2]ip route-static 192.168.1.0 24 1.1.1.1
[AR2]ip route-static 202.102.13.0 24 2.2.2.2
```

在 AR3 上配置静态路由。AR3 到内网的目标网络为 192.168.1.0/24。

```
[AR3]ip route-static 192.168.1.0 24 2.2.2.1
```

上述配置完成后验证网络连通性，从 PC1 检测到 PC3 的连通性，检测结果表明内外网能够互通。

```
PC>ping 192.168.1.3
```

```
Ping 192.168.1.3: 32 data bytes, Press Ctrl_C to break
From 192.168.1.3: bytes=32 seq=3 ttl=125 time=62 ms
......
```

二、配置网络地址端口转换

在 AR1 配置 NAPT，将公司局域网终端 IP 地址映射为公有 IP 地址 1.1.1.3/24，并通过公有 IP 地址访问外网。

```
[AR1]nat address-group 1 1.1.1.3 1.1.1.3
[AR1]acl 2000
[AR1-acl-basic-2000]rule permit source 192.168.1.0 0.0.0.255
[AR1-acl-basic-2000]quit
[AR1]int Serial 1/0/0
[AR1-Serial1/0/0]nat outbound 2000 address-group 1
```

三、修改静态路由

完成网络地址转换后，公司网络对外部网络而言已经变为 1.1.1.0/24，不再是 192.168.1.0/24，此时需要在 AR2 和 AR3 修改静态路由，AR2、AR3 修改命令分别如下：

```
[AR2]undo ip route-static 192.168.1.0 24 1.1.1.1
[AR2]ip route-static 1.1.1.0 24 1.1.1.1
[AR3]undo ip route-static 192.168.1.0 24 2.2.2.1
[AR3]ip route-static 1.1.1.0 24 2.2.2.1
```

四、结果验证

图 16-9 显示 PC2 到 HTTP 的 ping 报文，从图可知从 PC2 发出的报文的源 IP 地址 192.168.1.1 已经转换为 1.1.1.3。

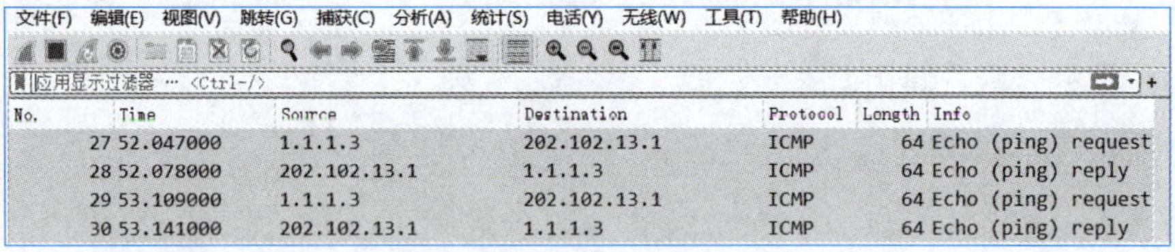

No.	Time	Source	Destination	Protocol	Length	Info
27	52.047000	1.1.1.3	202.102.13.1	ICMP	64	Echo (ping) request
28	52.078000	202.102.13.1	1.1.1.3	ICMP	64	Echo (ping) reply
29	53.109000	1.1.1.3	202.102.13.1	ICMP	64	Echo (ping) request
30	53.141000	202.102.13.1	1.1.1.3	ICMP	64	Echo (ping) reply

图 16-9　NAPT 结果验证 1

图 16-10 显示 PC1 到 DNS 的 ping 报文，从图可知从 PC1 发出的报文的源 IP 地址 192.168.1.1 已经转换为 1.1.1.3。由此可见 NAPT 已经成功部署，公司内部网络终端能够通过一个公网地址 1.1.1.3/24 与外部网络进行通信。

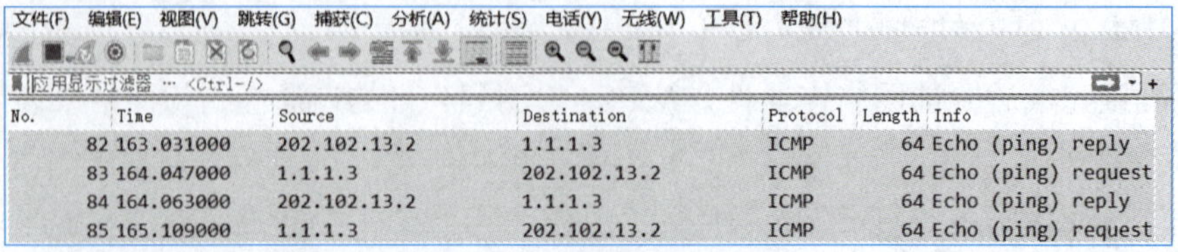

No.	Time	Source	Destination	Protocol	Length	Info
82	163.031000	202.102.13.2	1.1.1.3	ICMP	64	Echo (ping) reply
83	164.047000	1.1.1.3	202.102.13.2	ICMP	64	Echo (ping) request
84	164.063000	202.102.13.2	1.1.1.3	ICMP	64	Echo (ping) reply
85	165.109000	1.1.1.3	202.102.13.2	ICMP	64	Echo (ping) request

图 16-10　NAPT 结果验证 2

图 16-11 显示从 PC2 登录网站的情况，从结果可知能正常登录内外网的 Web 服务器。

图 16-11　PC2 域名登录网站的情况

拓展学习

激烈的技术竞争为人类创造了无数的惊喜，5G、云计算、大数据、AI、物联网……可以说，各项技术都是基于互联网实现发展应用的。从 PC 时代到移动互联网，再到"互联网+"和"+互联网"，互联网的含义已经实现了极大的延展。那么，下一代互联网将是什么样的，自然也就成为了话题讨论的中心。

对于这个问题，中国互联网主要奠基人和开拓者、中国工程院院士吴建平给出答案："下一代互联网"是 IPv6（互联网协议第 6 版），它除了解决网络 IP 地址枯竭的问题，也对我国的科技创新、网络安全、网络主权和话语权有着十分深远的意义。

当前，我国正从政策支持、标准构建、产业补强、生态建设等多个方面助力 IPv6 构建新发展格局，全方位构建下一代互联网领先优势。2021 年 7 月，中央网信办等部门印发《关于加快推进互联网协议第六版（IPv6）规模部署和应用工作的通知》，提出到 2025 年末，全面建成领先的 IPv6 技术、产业、设施、应用和安全体系，IPv6 活跃用户数达到 8 亿，物联网 IPv6 连接数达到 4 亿，移动网络 IPv6 流量占比达到 70%，城域网 IPv6 流量占比达到 20%。2023 年 4 月，工业和信息化部等八部门联合印发《关于推进 IPv6 技术演进和应用创新发展的实施意见》，旨在加速释放 IPv6 技术的潜能和优势，全面促进 IPv6 技术演进和应用创新，构筑下一代互联网发展新优势，带动和赋能千行百业数字化转型。

在产业的合力驱动下，我国 IPv6 规模部署和应用短短几年时间取得了跨越式的进展。从全球范围来看，我国 IPv6 地址拥有量以 17.16% 的占比位居第二。与此同时，我国网络和应用基础设施已全面具备 IPv6 服务能力，IPv6 地址资源增加了约 2 倍，迈入了从"通路"到"通车"的新征程。2023 年 2 月，我国移动网络 IPv6 占比达到 50.08%，首次实现移动网络 IPv6 流量超过 IPv4 流量的历史性突破，成为我国推进 IPv6 规模部署及应用工作中的重要里程碑。

在 IPv6 网络和应用基础设施"建得好"的基础之上，实现 IPv6"用得好"，是当前我国发展 IPv6 的重要任务。推进以"IPv6+"为代表的创新技术部署和应用，充分发挥 IPv6 协议潜力和技术优势，更好满足 5G、云网融合、工业互联网、物联网等场景对网络承载更高的要求，形成内生驱动力，为数字化发展提供广阔的空间。在工业和信息化部等八部门联合印发的《关于推进IPv6技术演进和应用创新发展的实施意见》中，进一步强化了行业应用在IPv6创新发展中的带动作用，提出到2025年底，在政务、金融、能源、交通、教育、制造等行业和领域实现"IPv6+"技术广泛应用，每个重点行业打造20个以上应用标杆；支持各地自主创建50个以上"'IPv6+'创新之城"。

《IPv6+技术创新白皮书》明确了"IPv6+"的概念、内涵和外延。白皮书指出，"IPv6+"是IPv6下一代互联网的升级，是面向5G和云时代的IP网络创新体系。基于IPv6技术体系"再"完善、核心技术"再"创新、网络能力"再"提升、产业生态"再"升级，"IPv6+"可以实现更加开放活跃的技术与业务创新、更加高效灵活的组网与业务提供、更加优异的性能与用户体验、更加智能可靠的运维与安全保障。

我国在IPv6+创新技术的研发和应用上处于领先地位。在标准化领域，中国企业在国际化标准组织IETF中，IPv6+标准提案的参与率超过85%，体现了国际标准中的中国力量。在应用方面，包括分段路由（SRv6）、随流检测（IFIT）、网络切片等在内的较为成熟的"IPv6+"技术，已经在基础网络、行业网络、数据中心等场景开展了不同程度的试点应用。

中国工程院院士在第二届中国IPv6创新发展大会中强调："IPv6+将进一步释放IPv6的技术潜力，丰富网络服务和行业应用的场景及业务模式，拓展网络创新空间，为数据管理、网络治理、安全保护等提供新的解决方案。"截至目前，我国已经部署了超过100个IPv6+应用项目，覆盖了政府、金融、教育、制造、能源等多个领域。

IPv6+创新技术，正持续不断地为各个行业的数字化转型注入新动能。

习 题

1. 何种NAT转换可以让外部网络主动访问内网服务器？

2. 某公司的内网用户采用NAT的no-pat方式访问互联网，如果所有的公司IP地址均被使用，那么后续上网的用户将发生什么情况？（　　）

  A. 报文同步到其他NAT转换设备进行NAT转换

  B. 挤掉前一个用户，强制进行NAT转换上网

  C. 自动把NAT切换成PAT后上网

  D. 后续的内网用户将不能上网

项目 17

动态主机地址管理协议 DHCP 部署

【知识目标】
(1) 理解并掌握 DHCP 的工作原理。
(2) 掌握 DHCP 三种配置方式及配置命令。

【技能目标】
具备 VLAN 的 DHCP 配置能力。

【素养目标】
通过 DHCP 动态管理 IP 地址的功能，培养注重工作效率的意识和勤俭节约的良好习惯。

项目描述

A 公司是一家规模比较大的中型企业，公司分部通过路由器远程连接到公司总部的局域网。从节省成本和网络安全考虑，决定使用出口路由器 AR1 作为公司总部的 DHCP 服务器，AR2 作为公司分部 DHCP 服务器，三层核心交换机配置为 DHCP 中继，为本公司局域网内的计算机实现自动分配 IP 地址。图 17-1 所示为 A 公司的网络拓扑图。

视频●
动态主机地址管理协议 DHCP部署

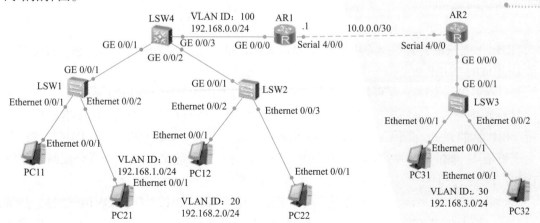

图 17-1　网络拓扑图

知识链接

一、DHCP 概述

IP 地址是每台终端设备必须配置的参数，可以采用手工配置和动态主机配置协议（dynamic host configuration protocol，DHCP）两种方式完成 IP 地址等相关配置。手工配置 IP 地址工作量大、容易出错，并且不易查错。DHCP 是一种用于集中对用户 IP 地址进行动态管理和配置的技术。DHCP 采用客户端/服务器通信模式，由客户端向服务器提出配置申请，服务器返回为客户端分配的 IP 地址等相应的配置信息，以实现 IP 地址等信息的动态配置。

DHCP 基本协议架构中，主要包括 DHCP 客户端、DHCP 中继和 DHCP 服务器三种角色。DHCP 客户端与 DHCP 服务器进行报文交互，获取 IP 地址和其他网络配置信息，完成自身的地址配置。DHCP 中继负责转发来自客户端方向或服务器方向的 DHCP 报文，协助 DHCP 客户端和 DHCP 服务器完成地址配置功能。如果 DHCP 服务器和 DHCP 客户端不在同一个网段范围内，则需要通过 DHCP 中继来转发报文，这样可以避免在每个网段范围内都部署 DHCP 服务器，既节省了成本，又便于进行集中管理。DHCP 中继不是必需的角色。只有当 DHCP 客户端和 DHCP 服务器不在同一网段内，才需要 DHCP 中继进行报文的转发。DHCP 服务器，负责处理来自客户端或中继的地址分配、地址续租、地址释放等请求，为客户端分配 IP 地址和其他网络配置信息。

DHCP 的工作过程如图 17-2 所示。

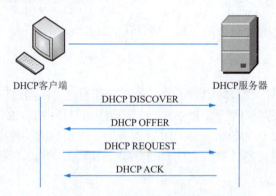

图 17-2　DHCP 客户端动态获取 IP 地址示意图

DHCP 客户端会先送出 DHCP DISCOVER 的广播信息到网络中，以便寻找一台能够提供 IP 地址的 DHCP 服务器。

当网络中的 DHCP 服务器收到 DHCP 客户端的 DHCP DISCOVER 信息后，它就会从 IP 地址池中挑选一个尚未出租的 IP 地址，然后利用广播的方式传送给 DHCP 客户端。之所以用广播的方式，是因为在此时 DHCP 客户端还没有 IP 地址。在尚未与 DHCP 客户端完成租用 IP 地址的程序之前，这个 IP 地址会暂时被保留起来，以避免再分配给其他的 DHCP 客户端。

如果网络中有多台 DHCP 服务器收到 DHCP 客户端的 DHCP DISCOVER 信息，并且也都响应给 DHCP 客户端（表示它们都可以提供 IP 地址给此客户端），则 DHCP 客户端会从中挑选第一个收到的 DHCP OFFER 信息。

当 DHCP 客户端挑选好第一个收到的 DHCP OFFER 信息后，它就利用广播的方式响应一个 DHCP REQUEST 信息给 DHCP 服务器。之所以用广播的方式，是因为它不但要通知所挑选到的 DHCP 服务器，还必须通知没有被选上的其他 DHCP 服务器，以便这些 DHCP 服务器能够将其原本欲分配给此 DHCP 客户端的 IP 地址释放出来，供其他的 DHCP 客户端使用。

DHCP 服务器收到 DHCP 客户端要求 IP 地址的 DHCP REQUEST 信息后，就会用广播的方式送出 DHCP ACK 确认信息给 DHCP 客户端，之所以用广播的方式，是因为此时 DHCP 客户端还没有 IP 地址。此信息内包含着 DHCP 客户端所需的 TCP/IP 配置信息，例如 IP 地址、子网掩码、默认网关、DNS 服务器等。

DHCP 客户端在收到 DHCP ACK 信息后，就完成了获取 IP 地址的步骤，也就可以开始利用这个 IP 地址来跟网络中其他的计算机通信了。但 DHCP 服务器只能将那个 IP 地址分配给 DHCP 客户一定时间，DHCP 客户必须在本次租用过期前对它进行更新。客户机在 50%租借时间过去以后，每隔一段时间就开始请求 DHCP 服务器更新当前租借。如果 DHCP 服务器应答，则租用延期；如果 DHCP 服务器始终没有应答，在有效租借期的 87.5%，客户应该与任何一个其他的 DHCP 服务器通信，并请求更新它的配置信息。如果客户机不能和所有的 DHCP 服务器取得联系，租借时间到后，它必须放弃当前的 IP 地址并重新发送一个 DHCP DISCOVER 报文，开始上述的 IP 地址获得过程。当然，客户端可以主动向服务器发出 DHCP RELEASE 报文，将当前的 IP 地址释放。

二、DHCP 配置方式

DHCP 有三种配置方式：全局地址池方式、接口地址池方式和 DHCP 中继方式。全局地址池方式就是可以给任何接口地址提供 DHCP 服务。全局地址池方式下，设置多个全局地址池，定义的地址池网段与接口 IP 是同一网段的对应关系，即多个不同网段地址池对应各自的接口，实现不同网段 DHCP 客户端自动获取相应地址。接口地址池方式就是给接口配置 IP，然后这个 IP 作为网关使用，这个接口下面的 DHCP 客户端都可以分配到该网段的 IP 地址。DHCP 中继方式主要用于 DHCP 服务器和 DHCP 客户端不在同一个网段的时候。DHCP 服务原理是报文广播，所以需要在一个网络中，如果 DHCP 服务器和 DHCP 客户端不在一个网段中，那么需要有一台 DHCP 中继器转发这些广播报文。

DHCP 配置常用命令

1. 系统视图下开启交换机或路由器的 DHCP 功能

```
dhcp enable
```

2. 系统视图下创建全局地址池

```
ip pool pool-name
```

3. 接口视图使能全局方式分配地址

```
dhcp select global
```

4. 全局方式下配置 DHCP 分配 IP 地址网段

   `network` *ip-address netmask*

5. 全局方式下配置分配的网关 IP 地址

   `gateway-list` *ip-address*

6. 全局方式下配置分配的 DNS 服务器 IP 地址

   `dns-list` *ip-address*

7. 全局方式下配置 IP 地址租期

   `lease`

8. 全局方式下配置保留的 IP 地址

   `excluded-ip-address` *ip-address ip-address*

9. 使能中继

   `dhcp select relay`

10. 指明 DHCP 服务器地址

    `dhcp relay server-ip` *ip-address*

11. 接口视图下使能接口方式分配地址

    `dhcp select interface`

12. 接口视图下配置 IP 地址租期

    `dhcp server lease`

13. 接口方式下配置分配的 DNS 服务器 IP 地址

    `dhcp server dns-list` *ip-address*

14. 接口方式下配置保留的 IP 地址

    `dhcp server excluded-ip-address` *ip-address ip-address*

 项目设计

　　DHCP 分配 IP 地址实现由五部分组成：第一部分是创建和划分 VLAN，设计公司总部财务部门 PC11 和 PC12 属于 VLAN 10，使用私有 IP 地址网段为 192.168.1.0/24，总部技术部门 PC21 和 PC22 属于 VLAN 20，使用私有 IP 地址网段为 192.168.2.0/24。公司分部门 PC31 和 PC32 属于 VLAN 30，使用私有 IP 地址网段为 192.168.3.0/24。AR1 属于 VLAN 100，使用私有 IP 地址网段为 192.168.0.0/24。第二部分是配置 LSW4 和路由器接口 IP 地址。三层交换机 LSW4 用于 VLAN 间通信，路由器之间用串口连接，使用 10.0.0.0/30 子网，公司分部通过 AR2 逻辑子接口接入总部局域网。第三部分配置 DHCP。出口路由器 AR1 配置成全局地址池方式，交换机 LSW4 配置成 DHCP 中继方式，管理公司总部计算机 IP 地址，AR2 配置成接口地址池方式为公司分部计算机分配 IP 地址。第四部分是配置静态路由。由于通向外部网络有且只有一条链路，LSW4 配置默认路由，AR1 配置静态路由和默认路由，AR2 配置默认路由。第五部分是项目实施结果验证，PC 间能够互相通信。表 17-1 和表 17-2 给出了每台计算机和路由器的详细设计参数。

表 17-1 计算机详细设计参数

计算机名	VLAN ID	网 关	DNS服务器IP地址
PC11	10	192.168.1.254/24	
PC12	10	192.168.1.254/24	
PC21	20	192.168.2.254/24	
PC22	20	192.168.2.254/24	8.8.8.8
PC31	30	192.168.3.254/24	
PC32	30	192.168.3.254/24	
AR1	100	192.168.0.254/24	

表 17-2 路由器设计参数

序 号	接 口	子 网 号	接口IP地址
AR1	GE 0/0/0	192.168.0.0/24	192.168.0.1
	Serial 4/0/0	10.0.0.0/30	10.0.0.1
AR2	Serial 4/0/0	10.0.0.0/30	10.0.0.2
	GE 0/0/0.30	192.168.3.0/24	192.168.3.254

项目实施与验证

DHCP 配置思路流程图如图 17-3 所示。

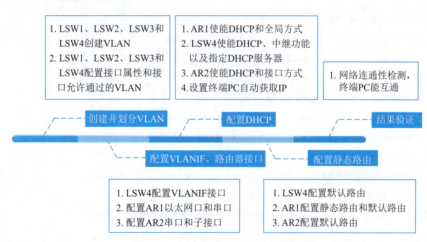

图 17-3 DHCP 配置思路流程图

一、创建并划分 VLAN

1. 创建 VLAN

在 LSW1、LSW2、LSW3、LSW4 批量创建 VLAN，由于创建命令相同，以 LSW1 为例，创建命令如下：

```
<LSW1>sys
[LSW1]undo info-center enable
[LSW1]vlan batch 10 20 30 100
```

其他交换机不再赘述。

2. 基于接口划分 VLAN

配置交换机 LSW1、LSW2、LSW3、LSW4 批量的接口属性，并按照表 17-1 的规划基于接口划分 VLAN。

LSW1 的 Ethernet 0/0/1 和 Ethernet 0/0/2 接口为 Access 接口，PVID 分别为 10 和 20，GE 0/0/1 接口为 Trunk 接口，允许通过的 VLAN 为 10、20、30、100，配置命令如下：

```
[LSW1]interface Ethernet 0/0/1
[LSW1-Ethernet0/0/1]port link-type access
[LSW1-Ethernet0/0/1]port default vlan 10
[LSW1-Ethernet0/0/1]q
[LSW1]interface Ethernet 0/0/2
[LSW1-Ethernet0/0/2]port link-type access
[LSW1-Ethernet0/0/2]port default vlan 20
[LSW1-Ethernet0/0/2]q
[LSW1]int GigabitEthernet 0/0/1
[LSW1-GigabitEthernet0/0/1]port link-type trunk
[LSW1-GigabitEthernet0/0/1]port trunk allow-pass vlan 10 20 30 100
```

LSW2 的 Ethernet 0/0/2 和 Ethernet 0/0/3 接口为 Access 接口，PVID 分别为 10 和 20，GE 0/0/1 接口为 Trunk 接口，允许通过的 VLAN 为 10、20、30、100，配置命令如下：

```
[LSW2]interface Ethernet 0/0/2
[LSW2-Ethernet0/0/2]port link-type access
[LSW2-Ethernet0/0/2]port default vlan 10
[LSW2-Ethernet0/0/2]q
[LSW2]interface Ethernet 0/0/3
[LSW2-Ethernet0/0/3]port link-type access
[LSW2-Ethernet0/0/3]port default vlan 20
[LSW2-Ethernet0/0/3]q
[LSW2]int GigabitEthernet 0/0/1
[LSW2-GigabitEthernet0/0/1]port link-type trunk
[LSW2-GigabitEthernet0/0/1]port trunk allow-pass vlan 10 20 30 100
```

LSW3 的 Ethernet 0/0/1 和 Ethernet 0/0/2 接口为 Access 接口，PVID 为 30，GE 0/0/1 接口为 Trunk 接口，允许通过的 VLAN 为 10、20、30、100，配置命令如下：

```
[LSW3]interface Ethernet 0/0/1
[LSW3-Ethernet0/0/1]port link-type access
[LSW3-Ethernet0/0/1]port default vlan 30
[LSW3-Ethernet0/0/1]q
```

```
[LSW3]interface Ethernet 0/0/2
[LSW3-Ethernet0/0/2]port link-type access
[LSW3-Ethernet0/0/2]port default vlan 30
[LSW3-Ethernet0/0/2]q
[LSW3]int GigabitEthernet 0/0/1
[LSW3-GigabitEthernet0/0/1]port link-type trunk
[LSW3-GigabitEthernet0/0/1]port trunk allow-pass vlan 10 20 30 100
```

LSW4 的 GE 0/0/3 接口为 Access 接口，PVID 为 100，GE 0/0/1 和 GE 0/0/2 接口为 Trunk 接口，允许通过的 VLAN 为 10、20、30、100，配置命令如下：

```
[LSW4]int GigabitEthernet 0/0/1
[LSW4-GigabitEthernet0/0/1]port link-type trunk
[LSW4-GigabitEthernet0/0/1]port trunk allow-pass vlan 10 20 30 100
[LSW4-GigabitEthernet0/0/1]q
[LSW4]interface GigabitEthernet0/0/2
[LSW4-GigabitEthernet0/0/2]port link-type trunk
[LSW4-GigabitEthernet0/0/2]port trunk allow-pass vlan 10 20 30 100
[LSW4-GigabitEthernet0/0/2]q
[LSW4]interface GigabitEthernet0/0/3
[LSW4-GigabitEthernet0/0/3]port link-type access
[LSW4-GigabitEthernet0/0/3]port default vlan 100
```

二、配置 VLANIF 接口和路由器接口

LSW4 核心交换机充当三层交换设备，实现 VLAN 间通信，其配置命令如下：

```
[LSW4]interface Vlanif 10
[LSW4-Vlanif10]ip address 192.168.1.254 24
[LSW4-Vlanif10]q
[LSW4]interface Vlanif 20
[LSW4-Vlanif20]ip address 192.168.2.254 24
[LSW4-Vlanif20]q
[LSW4]interface Vlanif 100
[LSW4-Vlanif100]ip address 192.168.0.254 24
```

按照表 17-2 规划，路由器 AR1 接口 IP 地址配置命令如下：

```
<AR1>sys
[AR1]undo info-center enable
[AR1]interface GigabitEthernet 0/0/0
[AR1-GigabitEthernet0/0/1]ip address 192.168.0.1 24
[AR1-GigabitEthernet0/0/1]q
[AR1]ip route-static 192.168.1.0 24 192.168.0.254   //配置去 Vlan 10 的路由
[AR1]ip route-static 192.168.2.0 24 192.168.0.254   //配置去 Vlan 20 的路由
[AR1]interface Serial 4/0/0
[AR1-Serial4/0/0]ip address 10.0.0.1 30
```

路由器 AR2 接口 IP 地址配置命令如下：

```
<AR2>sys
[AR2]undo info-center enable
[AR2]interface Serial 4/0/0
[AR2-Serial4/0/0]ip address 10.0.0.2 30
[AR2-Serial4/0/0]q
[AR2]interface GigabitEthernet 0/0/0.30
[AR2-GigabitEthernet0/0/0.30]dot1q termination vid 30
[AR2-GigabitEthernet0/0/0.30]ip address 192.168.3.254 24
[AR2-GigabitEthernet0/0/0.30]arp broadcast enable
```

三、配置 DHCP

1. 配置 DHCP 全局地址池方式

出口路由器 AR1 作为公司总部的 DHCP 服务器，配置成全局地址池方式，为公司总部终端计算机自动配置 IP 地址等信息，配置命令如下：

```
[AR1]dhcp enable
[AR1]ip pool vlan10                                    //设置一个名为 vlan10 的全
                                                         局地址池
[AR1-ip-pool-vlan10]gateway-list 192.168.1.254   //设置分配的网关 IP 地址
[AR1-ip-pool-vlan10]network 192.168.1.0 mask 255.255.255.0
                                                   //设置分配的地址网段
[AR1-ip-pool-vlan10]excluded-ip-address 192.168.1.1 192.168.1.10
                                                   //不参与分配的地址
[AR1-ip-pool-vlan10]lease day 7 hour 0 minute 0  //设置地址池 IP 租用有效期
                                                         为 7 天
[AR1-ip-pool-vlan10]dns-list 8.8.8.8             //设置 DNS 服务器 IP 地址
[AR1-ip-pool-vlan10]q
[AR1]ip pool vlan20
[AR1-ip-pool-vlan20]gateway-list 192.168.2.254
[AR1-ip-pool-vlan20]network 192.168.2.0 mask 255.255.255.0
[AR1-ip-pool-vlan20]dns-list 8.8.8.8
[AR1-ip-pool-vlan20]q
[AR1]interface GigabitEthernet 0/0/0
[AR1-GigabitEthernet0/0/0]dhcp select global     //使能全局方式分配地址
```

由于路由器 AR1 与总部各计算机分别在不同的 VLAN，因此交换机 LSW4 配置成 DHCP 中继方式，配置命令如下：

```
[LSW4]dhcp enable
[LSW4]int Vlanif 10
[LSW4-Vlanif10]dhcp select relay                       //使能中继
[LSW4-Vlanif10]dhcp relay server-ip 192.168.0.1  //指明 DHCP 服务器地址
[LSW4-Vlanif10]q
```

```
[LSW4]int Vlanif 20
[LSW4-Vlanif20]dhcp select relay
[LSW4-Vlanif20]dhcp relay server-ip 192.168.0.1
```

在 PC11、PC12 上设置为 DHCP 自动获取方式，使用 ipconfig 命令查看本机 IP 信息，从查询结果可知，PC11 和 PC12 能够自动获取 IP 地址等信息。

```
PC>ipconfig

Link local IPv6 address.........: fe80::5689:98ff:fe19:66b8
IPv6 address....................: :: / 128
IPv6 gateway....................: ::
IPv4 address....................: 192.168.1.253
Subnet mask.....................: 255.255.255.0
Gateway.........................: 192.168.1.254
Physical address................: 54-89-98-19-66-B8
DNS server......................: 8.8.8.8
```

在 PC21、PC22 上设置为 DHCP 自动获取方式，使用 ipconfig 命令查看本机 IP 信息，从查询结果可知，PC21 和 PC22 能够自动获取 IP 地址等信息。

```
PC>ipconfig

Link local IPv6 address.........: fe80::5689:98ff:fece:1f0c
IPv6 address....................: :: / 128
IPv6 gateway....................: ::
IPv4 address....................: 192.168.2.253
Subnet mask.....................: 255.255.255.0
Gateway.........................: 192.168.2.254
Physical address................: 54-89-98-CE-1F-0C
DNS server......................: 8.8.8.8
```

2. 配置 DHCP 接口地址池方式

AR2 作为公司分部的 DHCP 服务器，配置成接口地址池方式，为公司分部终端计算机自动配置 IP 地址等信息，配置命令如下：

```
[AR2]dhcp enable
[AR2]int GigabitEthernet 0/0/0.30
[AR2-GigabitEthernet0/0/0.30]dhcp select interface    //使能接口方式分配地址
[AR2-GigabitEthernet0/0/0.30]dhcp server dns-list 8.8.8.8
[AR2-GigabitEthernet0/0/0.30]dhcp server excluded-ip-address 192.168.3.1 192.168.3.50
```

在 PC31、PC32 上设置为 DHCP 自动获取方式，使用 ipconfig 命令查看本机 IP 信息，从查询结果可知，PC31 和 PC32 能够自动获取 IP 地址等信息。

```
PC>ipconfig
Link local IPv6 address.........: fe80::5689:98ff:fe63:1ac4
```

```
IPv6 address......................: :: / 128
IPv6 gateway......................: ::
IPv4 address......................: 192.168.3.253
Subnet mask.......................: 255.255.255.0
Gateway...........................: 192.168.3.254
Physical address..................: 54-89-98-63-1A-C4
DNS server........................: 8.8.8.8
```

四、配置静态路由

为了实现终端网络的互通，需要在交换机 LSW4 和路由器 AR1、AR2 上配置到达各终端网络的静态路由。由于通向外部网络有且只有一条链路，LSW4 配置默认路由，AR1 配置静态路由和默认路由，AR2 配置默认路由。LSW4 配置命令如下：

```
[LSW4]ip route-static 0.0.0.0 0.0.0.0 192.168.0.1
```

AR1 配置命令如下：

```
[AR1]ip route-static 0.0.0.0 0.0.0.0 10.0.0.2
[AR1]ip route-static 192.168.1.0 255.255.255.0 192.168.0.254
[AR1]ip route-static 192.168.2.0 255.255.255.0 192.168.0.254
```

AR2 配置命令如下：

```
[AR2]ip route-static 0.0.0.0 0.0.0.0 10.0.0.1
```

五、结果验证

在计算机 PC11 使用 ping 命令检测与终端计算机 PC21 和 PC31 连通性，结果如图 17-4 所示，从结果可知，PC 之间能通信。

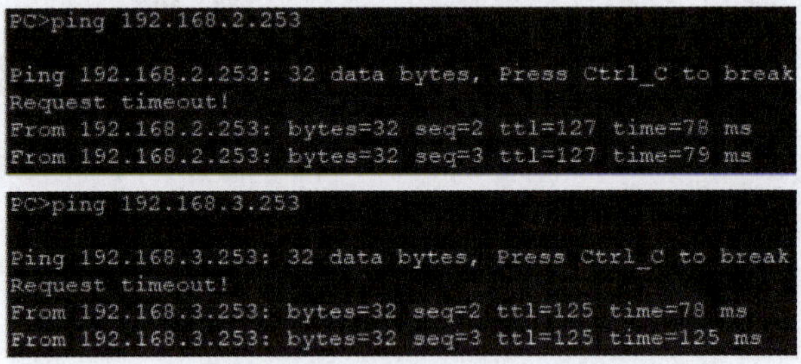

```
PC>ping 192.168.2.253

Ping 192.168.2.253: 32 data bytes, Press Ctrl_C to break
Request timeout!
From 192.168.2.253: bytes=32 seq=2 ttl=127 time=78 ms
From 192.168.2.253: bytes=32 seq=3 ttl=127 time=79 ms

PC>ping 192.168.3.253

Ping 192.168.3.253: 32 data bytes, Press Ctrl_C to break
Request timeout!
From 192.168.3.253: bytes=32 seq=2 ttl=125 time=78 ms
From 192.168.3.253: bytes=32 seq=3 ttl=125 time=125 ms
```

图 17-4　PC 间连通性检测结果

拓展学习

在校园网环境中，为了确保每个学生和教职工都能顺利上网，学校采用了 DHCP 服务来自动分配 IP 地址。然而，有一天学校的网络出现了故障，许多用户无法获取 IP 地址，导致无法上网。经过检查，发现 DHCP 服务器出现了故障。

学校的信息技术部门迅速组织了一个紧急团队，由网络管理员、系统工程师和软件开发人员组成，共同解决问题。团队首先分析了 DHCP 服务器的日志文件，发现服务器在处理大量的 IP 地址分配请求时出现了性能瓶颈。为了解决这个问题，团队开始讨论可能的解决方案。有人提出了升级服务器硬件的方案，有人提出了优化服务器软件的方案，还有人提出了改进 DHCP 配置方案的建议。经过充分的讨论和试验，团队最终决定采用一种组合方案：升级服务器硬件、优化服务器软件，并改进 DHCP 配置方案。同时，他们还制定了一套完善的应急预案，以防类似问题再次发生。

在解决 DHCP 故障的过程中，充分体现了团队协作的重要性，团队成员充分展现出了强烈的团队协作精神和责任心。他们共同努力、相互支持，最终成功解决了问题。此外，团队在解决问题的过程中还展现出了创新思维和解决问题的能力。他们不仅分析了问题的原因，还提出了多种解决方案，并进行了充分的讨论和试验。这种勇于尝试、不断创新的精神对于个人和团队的发展都非常重要。

习 题

1. 一台 Windows 主机初次启动，如果采用 DHCP 的方式获取 IP 地址，那么此主机发送的第一个数据包的源 IP 地址是（　　）。

　　A．127.0.0.1　　　　B．169.254.2.33　　　C．0.0.0.0　　　　D．255.255.255.255

2. 以下（　　）命令可以开启路由器接口的 DHCP 中继功能。

　　A．dhcp select server　　　　　　B．dhcp select global

　　C．dhcp select interface　　　　　D．dhcp select relay

3. 简述 DHCP 服务器的工作过程。

项目 18

基于 Python 网络自动化运维

【知识目标】

（1）了解网络自动化运维基础知识。

（2）了解并掌握 Python 编程语言。

（3）掌握 Paramiko 模块的基本用法。

【技能目标】

具备使用 Python 编写网络自动化运维脚本的能力。

【素养目标】

通过接口 IP 地址配置等运维脚本编写，培养细致、严谨的编程素养。

项目描述

视频

基于 Python 网络自动化运维

小李是某公司的网络运维人员，他的工作任务是完善公司的网络搭建。目前公司的局域网已经完成，内部员工的计算机和 Web 服务器已经接入交换机 LSW2，实现了公司局域网内部通信。现需要对公司的出口路由器 AR1 进行配置，实现对外网的访问。由于小李需要出差，为了完成工作，同时也为了方便后期网络运行维护，小李决定对 AR1 进行远程配置。公司的网络拓扑结构图如图 18-1 所示。

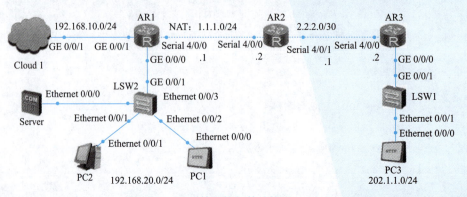

图 18-1　公司的网络拓扑结构图

知识链接

一、基于 Python 的网络自动化运维概述

网络工程领域不断出现新的协议、技术、交付和运维模式。传统网络面临着云计算、人工智能等的挑战。企业也在不断追求业务的敏捷、灵活和弹性。在这样的背景下，网络自动化变得越来越重要。网络编程与自动化旨在简化工程师网络配置、管理、监控和操作等相关工作，提高工程师的部署和运维效率。

业界有很多实现网络自动化的开源工具，例如 Ansible、SaltStack、Puppet、Chef 等。从网络工程能力构建的角度考虑，更推荐工程师具备代码编程能力。近几年随着网络自动化技术的兴起，以 Python 为主的编程能力成为了网络工程师的技能要求。Python 编写的自动化脚本能够很好地执行重复、有规则的操作。比如自动化配置设备，可以把这个过程分为两个步骤：编写配置文件，编写 Python 代码将配置文件推送到设备上，如图 18-2 所示。首先用命令行方式写配置脚本，然后通过 Telnet/SSH 将它传到设备上运行。

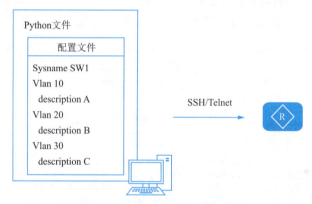

图 18-2　网络自动化运维步骤

二、Python 简介

Python 是一门完全开源的高级编程语言。Python 能够让学习者从语法细节的学习中抽离，专注于程序逻辑。Python 同时支持面向过程和面向对象的编程。Python 可以调用其他语言所写的代码，又被称为胶水语言。由于 Python 具有非常丰富的第三方库，加上 Python 本身的优点，所以 Python 在非常多的领域内使用，比如人工智能、数据科学、App、自动化运维脚本等。但 Python 也存在运行速度慢的缺点。Python 是解释型语言，不需要编译即可运行。代码在运行时会逐行地翻译成 CPU 能理解的机器码，这个翻译过程非常耗时。

对于 Python 而言，Python 源代码不需要编译成二进制代码，它可以直接从源代码运行程序。运行 Python 代码的时候，Python 解释器首先将源代码转换为字节码，然后再由 Python 虚拟机来执行这些字节码。

Python 有两种运行方式，交互式运行和脚本式运行，交互式编程不需要创建脚本文件，是通过 Python 解释器的交互模式编写代码。脚本模式里的代码可以在各种 Python 编译器或者集成开发环境上运行，如图 18-3 所示。

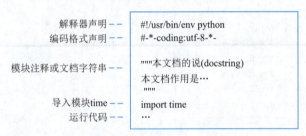

(a) 编写Python脚本文件　　　　　　　　（b) 执行脚本文件

图 18-3　Python 脚本式运行

一个完整的 Python 源代码文件一般包含几个组成部分：解释器和编码格式声明、模块注释或文档字符串、模块导入和运行代码，如图 18-4 所示。解释器声明的作用是指定运行本文件的编译器的路径（非默认路径安装编译器或有多个 Python 编译器）。Windows 操作系统上可以省略本例中第一行解释器声明。编码格式声明的作用是指定本程序使用的编码类型，以指定的编码类型读取源代码。Python 3 默认支持 UTF-8 编码。文档字符串的作用是对本程序功能的总体介绍。time 为 Python 内置模块，作用是提供处理时间相关的函数。如果在程序中调用标准库或其他第三方库的类时，需要先使用 import 或 from...import 语句导入相关的模块。导入语句始终在文件的顶部，在模块注释或文档字符串 docstring 之后。

```
解释器声明 —— #!/usr/bin/env python
编码格式声明 —— #-*-coding:utf-8-*-

模块注释或文档字符串 —— """本文档的说(docstring)
                    本文档作用是…
                    """
导入模块 time —— import time
运行代码 —— …
```

图 18-4　Python 源码文件结构

函数（Function）是组织好的、可重复使用的一段代码。它能够提高程序的模块化程度和代码利用率。函数使用关键字 def 定义。模块（Module）是一个保存好的 Python 文件。模块可以由函数或者类组成。模块和常规 Python 程序之间的唯一区别是用途不同，模块用于被其他程序调用。因此，模块通常没有 main 函数。图 18-5 展示了函数和模块的用法。

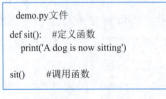

(a) 编写Python文件　　　　　　　　（b) 调用模块

图 18-5　函数和模块的用法

图 18-6 展示了类与方法的用法。类是具有一类相同的属性和方法的集合。类的定义使用关键字 class。被实例化的类的"函数"被称作方法（Method）。

项目 18　基于 Python 网络自动化运维

```
demo.py文件
class Dog():
    def sit(self):          #定义方法
        print("A dog is now sitting.")
Richard = Dog()             #实例化类
print(type(Richard.sit))    #实例化后类型为方法
print(type(Dog.sit))        #类型为函数
```

（a）编写Python文件

```
test.py文件
import demo
demo.Dog.sit
```

（b）调用类

图 18-6　类与方法的用法

三、Paramiko 模块使用

Paramiko 模块的使用非常灵活，可以用于自动化运维、远程服务器管理、批量执行命令等各种场景。下面简单介绍 Paramiko 模块的安装和使用。

1. Paramiko 安装

Paramiko 是 Python 的一个第三方库，所以需要使用 pip 安装，安装命令如下：

```
pip install Paramiko
```

安装完成后，就可以在 Python 脚本中导入 Paramiko 模块并开始使用了。

2. Paramiko 使用

Paramiko 是 Python 实现 SSHv2 协议的模块，它支持口令认证和公钥认证两种方式。它可以实现安全的远程命令执行、文件传输等功能。图 18-7 所示为 Paramiko 模块与 SSH 服务器建立 SSH 连接。

图 18-7　Paramiko 模块与 SSH 服务器建立 SSH 连接

Paramiko 常用的两个类为 SSHClient 和 SFTPClient，分别提供 SSH 和 SFTP 功能。下面使用 Paramiko 模块与 SSH 服务器建立 SSH 连接。首先导入 Paramiko 模块，然后创建一个 SSHClient 对象，代码如下：

```
import paramiko                          # 导入 Paramiko 模块
ssh = paramiko.SSHClient()               # 创建 SSHClient 对象
```

接下来，可以设置连接参数，如远程主机的 IP 地址、端口号、用户名和密码。

```
# 设置连接参数
ssh.set_missing_host_key_policy(paramiko.AutoAddPolicy())
ssh.connect('remote_host', port=22, username='username', password='password')
```

在上述代码中，创建 SSH_Client 对象后，需要设置其 missing host key policy 为 AutoAddPolicy。否则，当连接主机的密钥不可用时，该连接将被拒绝。AutoAddPolicy 表示自动添加远程主机密钥，相当于告诉 SSH 客户端，如果远程机器不在已知主机列表中，就自动添加，并信任它的密钥。remote_host 是远程主机的 IP 地址或主机名，username 和 password 是登录远程主机的用户名和密码。

建立 SSH 连接后，可以使用 Paramiko 模块执行远程命令。通过调用 SSHClient 对象的 exec_command 方法，执行一条远程命令并获取其输出结果。

```
# 执行远程命令
stdin, stdout, stderr = ssh.exec_command('command')
print(stdout.read( ).decode( ))
```

在上述代码中，command 是要执行的远程命令。stdin、stdout 和 stderr 分别是标准输入、标准输出和标准错误的文件对象，可以通过它们来读取命令的输入和输出。

建立SSH连接后，也可以调用 invoke_shell() 方法获取对象。Paramiko 模块 exec_command() 函数是将服务器执行完的结果一次性返回；invoke_shell() 函数类似shell 终端，可以将执行结果分批次返回，看到任务的执行情况，不会因为执行一个很长的脚本而不知道是否执行成功。此处使用 invoke_shell() 方法获取命令执行情况。

```
# 激活 teminal 终端
commend = ssh.invoke_shell( )
commend.send('command + \n')      # 向 SSH 服务器发送命令
```

最后，不要忘记关闭 SSH 通道，否则会占用连接资源。

```
commend.close( )
ssh.close( )
```

项目设计

基于 Python 网络自动化运维由五部分组成：第一部分是搭建项目环境，设计A公司出口路由器 AR1 远程登录使用网段为 192.168.10.0/24，公司内部使用网段为 192.168.20.0/24，AR1 和 AR2 之间的串口使用 1.1.1.0/24 网段，AR2 和 AR3 之间的串口使用 2.2.2.0/30，AR3 连接的外部网络使用 202.1.1.0/24 网段，AR2、AR3 配置 OSPF 动态路由。第二部分是配置本地环回网卡和桥接 Cloud，建立本地计算机与 eNSP 互联网络设备互联。第三部分是配置 AR1 为 SSH 服务器。使能 AR1 的 SSH 功能，设计验证模式为 AAA。第四部分是编写和运行 Python 文件，实现 AR1 接口 IP、OSPF 协议和 NAT 配置。第五部分是项目实施结果验证，公司内部网络终端能够通过公网地址与外部网络进行通信。表18-1和表18-2分别给出了每台计算机和路由器的详细设计参数。

表 18-1　计算机详细设计参数

计算机名	IP 地址	网　　关	NAT地址映射
PC1	192.168.20.1	192.168.20.254/24	1.1.1.3
Server	192.168.20.2	192.168.20.254/24	1.1.1.4
PC2	192.168.20.3	192.168.20.254/24	1.1.1.5～1.1.1.20
PC3	202.1.1.1	202.1.1.254/24	

项目 18 基于 Python 网络自动化运维

表 18-2 路由器设计参数

序 号	接 口	子 网 号	接口 IP 地址
AR1	GE 0/0/0	192.168.20.0/24	192.168.20.254
AR1	GE 0/0/1	192.168.10.0/24	192.168.10.2
AR1	Serial 4/0/0	1.1.1.0/24	1.1.1.1
AR2	Serial 4/0/0	1.1.1.0/24	1.1.1..2
AR2	Serial 4/0/1	2.2.2.0/30	2.2.2.1
AR3	Serial 4/0/0	2.2.2.0/30	2.2.2.2
AR3	GE 0/0/0	202.1.1.0/24	202.1.1.254

项目实施与验证

基于 Python 的网络自动化运维配置思路流程图如图 18-8 所示。

图 18-8 基于 Python 的网络自动化运维配置思路流程图

一、搭建项目环境

1. 配置终端 IP 地址

在 eNSP 中双击计算机 PC1，打开对话框如图 18-9 所示，配置 PC1 的本机地址、子网掩码和网关，配置完成后单击"应用"按钮保存设置。按照同样的方法分别配置好图 18-1 网络中的其他计算机的 IP 地址。

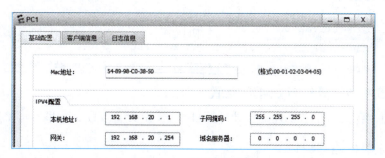

图 18-9 计算机配置

2. 配置 AR2、AR3 接口 IP 地址

配置 AR2 接口 IP 地址，配置命令如下：

```
<Huawei>sys
[Huawei]undo info-center enable
[Huawei]int Serial 4/0/0
[Huawei-Serial4/0/0]ip add 1.1.1.2 24
[Huawei-Serial4/0/0]quit
[Huawei]int Serial 4/0/1
[Huawei-Serial4/0/1]ip add 2.2.2.1 30
[Huawei-Serial4/0/1]quit
```

配置 AR3 接口 IP 地址，配置命令如下：

```
<Huawei>sys
[Huawei]undo info-center enable
[Huawei]int Serial 4/0/0
[Huawei-Serial4/0/0]ip add 2.2.2.2 30
[Huawei-Serial4/0/0]quit
[Huawei]int interface GigabitEthernet0/0/0
[Huawei-GigabitEthernet0/0/0]ip add 202.1.1.254 24
[Huawei-GigabitEthernet0/0/0]quit
```

3. 配置 OSPF 协议

在 AR2 配置 OSPF 协议。AR1 配置命令如下：

```
[Huawei]int LoopBack 0
[Huawei-LoopBack0]ip add 4.4.4.4 32
[Huawei-LoopBack0]quit
[Huawei]ospf 1 router-id 4.4.4.4
[Huawei-ospf-1]area 0
[Huawei-ospf-1-area-0.0.0.0]network 1.1.1.0 0.0.0.255
[Huawei-ospf-1-area-0.0.0.0]network 2.2.2.0 0.0.0.3
```

在 AR3 配置 OSPF 协议。AR1 配置命令如下：

```
[Huawci]int LoopBack 0
[Huawei-LoopBack0]ip add 5.5.5.5 32
[Huawei-LoopBack0]quit
[Huawei]ospf 1 router-id 5.5.5.5
[Huawei-ospf-1]area 0
[Huawei-ospf-1-area-0.0.0.0]network 2.2.2.0 0.0.0.3
[Huawei-ospf-1-area-0.0.0.0]network 202.1.1.0 0.0.0.255
```

二、配置本地计算机与 eNSP 互联

按照项目 2 第 2.5.3 小节，建立本地计算机与 eNSP 设备互联，这里不再赘述。

三、配置路由器 SSH

1. 配置路由器 AR1 远程登录 IP 地址，配置命令如下：

```
<Huawei>sys
[Huawei]undo info-center enable
```

```
[Huawei]sysname AR1
[AR1]interface GigabitEthernet 0/0/1
[AR1-GigabitEthernet0/0/1]ip add 192.168.10.2 24
[AR1-GigabitEthernet0/0/1]q
```

2. AR1 使能 SSH 功能，配置 AAA 认证模式，创建 SSH 用户名 huawei、密码 huawei@123 及管理权限，配置命令如下：

```
[AR1]stelnet server enable
[AR1]aaa
[AR1-aaa]local-user huawei privilege level 15
[AR1-aaa]local-user huawei password cipher huawei@123
[AR1-aaa]local-user huawei service-type ssh
[AR1-aaa]q
[AR1]user-interface vty 0 4
[AR1-ui-vty0-4]authentication-mode aaa
[AR1-ui-vty0-4]protocol inbound ssh
[AR1-ui-vty0-4]return
```

AR1 完成 SSH 服务器相关配置后，打开本地计算机 Xshell，远程登录路由器 AR1，验证 SSH 是否配置成功。Xshell 登录界面如图 18-10 所示。单击"确定"按钮完成会话连接。

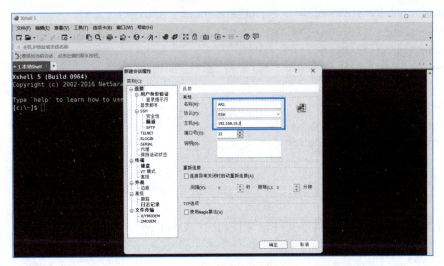

图 18-10　Xshell 登录界面

单击"确定"按钮后，连接 AR1 会话，在弹出的界面中输入创建的 SSH 用户名 huawei 和密码 huawei@123，输入后能正常登录表示 SSH 配置成功。具体输入如图 18-11 所示。

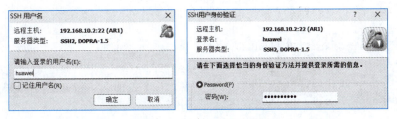

图 18-11　Xshell 登录过程

四、编写运行 Python 文件

1. 编写 Python 代码实现 AR1 接口配置

编写 AR1 接口配置脚本文件,文件名为"接口配置.py",具体代码如下:

```python
import paramiko
import time

host = "192.168.10.2"
username = "huawei"
password = "huawei@123"

client = paramiko.SSHClient()
client.set_missing_host_key_policy(paramiko.AutoAddPolicy())
client.connect(hostname=host, username=username, password=password)
print('Successfully connect to ' + host)

commend = client.invoke_shell()
commend.send('sys\n')
commend.send('interface Serial 4/0/0\n')
commend.send('ip add 1.1.1.1 255.255.255.0\n')
commend.send('interface GigabitEthernet 0/0/0\n')
commend.send('ip add 192.168.20.254 255.255.255.0\n')
commend.send('return\n')
commend.send('save\n')

time.sleep(3)
output = commend.recv(65535)
print(output.decode("ascii"))

client.close()
```

2. 编写 Python 代码实现 OSPF 配置

编写 AR1 的 OSPF 配置脚本文件,文件名为"OSPF.py",具体代码如下:

```python
import paramiko
import time

host = "192.168.10.2"
username = "huawei"
password = "huawei@123"

client = Paramiko.SSHClient()
client.set_missing_host_key_policy(Paramiko.AutoAddPolicy())
client.connect(hostname=host, username=username, password=password)
print('Successfully connect to ' + host)
```

```
commend = client.invoke_shell()
commend.send('sys\n')
commend.send('interface LoopBack 0\n')
commend.send('ip add 3.3.3.3 32\n')
commend.send('q\n')
commend.send('ospf 1 router-id 3.3.3.3\n')
commend.send('area 0\n')
commend.send('network 1.1.1.0 0.0.0.255\n')
commend.send('network 192.168.20.0 0.0.0.255\n')

time.sleep(3)
output = commend.recv(65535)
print(output.decode("ascii"))

client.close()
```

3. 编写 Python 代码实现 NAT 配置

编写 AR1 的 NAT 配置脚本文件，文件名为"NAT.py"，具体代码如下：

```
import Paramiko
import time

host = "192.168.10.2"
username = "huawei"
password = "huawei@123"

client = Paramiko.SSHClient()
client.set_missing_host_key_policy(Paramiko.AutoAddPolicy())
client.connect(hostname=host, username=username, password=password)
print('Successfully connect to ' + host)

commend = client.invoke_shell()
commend.send('sys\n')
commend.send('interface Serial 4/0/0\n')
commend.send('nat static global 1.1.1.3 inside 192.168.20.1\n')
commend.send('nat static global 1.1.1.4 inside 192.168.20.2\n')
commend.send('q\n')

commend.send('nat address-group 1 1.1.1.5 1.1.1.20\n')
commend.send('acl 2000\n')
commend.send('rule permit source 192.168.20.0 0.0.0.255\n')
commend.send('q\n')
commend.send('interface Serial 4/0/0\n')
commend.send('nat outbound 2000 address-group 1 no-pat\n')
commend.send('return\n')
commend.send('save\n')
```

```
time.sleep(3)
output = commend.recv(65535)
print(output.decode("ascii"))

client.close()
```

五、结果验证

在本地计算机运行脚本文件,以接"口配置.py"为例,运行脚本如图18-12所示。按照同样的操作方法运行OSPF.py和NAT.py文件。

图 18-12 运行脚本

运行脚本后,图18-13显示公司局域网 PC1 到外网 PC3 的 ping 报文,从图可知PC1 发出的报文的源 IP 地址 192.168.20.1 已经转换为 1.1.1.3。由此可见 AR1 的接口配置、OSPF 配置以及 NAT 配置都已经成功部署,公司内部网络终端能够通过公网 IP 地址与外部网络进行通信。

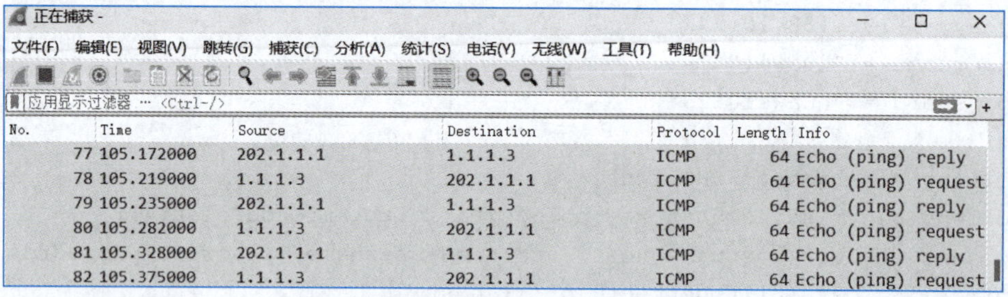

图 18-13 PC1 到 PC3 的 ping 报文

拓展学习

随着时光的流转,企业需求的日益膨胀与网络技术的飞速进步交织在一起,那些过去能勉强胜任的传统手工运维在如今的网络要求面前已显得捉襟见肘。在这个不断演进的时代背景下,网络运维的自动化显得尤为关键。

一场变革正在悄然发生,越来越多的企业选择网络运维自动化的道路,通过这一途径,可以提升运维效率、降低成本、保障网络的可靠性。

网络运维自动化的定义并非简单的技术堆砌,而是一种智慧的结晶。它借助自动化工具和技术,以超越人力的速度和效率,完成着网络管理和维护的烦琐任务。这一巨大的飞跃带来了许多实质性的益处,其中包括了快速配置网络设备、故障自动检测与修复、性能监控和报告等。正是这些脉络交错的点点滴滴,构筑起了现代网络运维的全新画卷。

在自动化的征途中,理解企业需求、明确目标,将能够更加明确自动化的重点和方向,以及所需的工具和技术。需求分析的地基,将支撑起全局的构建,避免了盲目自动化的荒谬。

在纷繁的自动化工具中，企业的规模、环境特点以及运维需求，自动化工具的易用性、稳定性和功能扩展性等，都是选择自动化工具不可或缺的参考因素。

网络安全是这场自动化之旅中的守护神。恶意攻击、滥用风险的阴影时刻笼罩在自动化的领域。因此，在自动化过程中，网络安全需占据一个重要的角色。身份验证、访问控制、审计等举措为自动化之旅添上一层坚固的防护盾。

网络运维自动化并非止步于今，它是发展的必然之势。在科技的映衬下，自动化在网络运维中的角色日益重要。

习 题

1. Python属于编译型语言。（ ）

    A．正确　　　　　　B．错误

2. 基于本项目案例，要求使用Paramiko模块为公司局域网创建VLAN10，如何实现？

参 考 文 献

[1] 张平安. 交换机与路由器配置管理教程[M].2版. 北京：中国铁道出版社, 2019.

[2] 王达. 华为HCIP-Datacom路由交换学习指南[M].北京：人民邮电出版社,2024.

[3] 江礼教. 华为HCIA路由与交换技术实战[M]. 北京：清华大学出版社, 2021.

[4] 韩立刚，薛中伟，宋晓锋，等. 华为HCIA路由交换认证指南[M]. 北京：人民邮电出版社, 2022.